Puntigam · Gruber · Oberhummer

Gedankenlesen durch Schneckenstreicheln

Was wir von Tieren über Physik lernen können

HANSER

MIX
Papier aus verantwortungsvollen Quellen
FSC® C014889

Bibliografische Information der Deutschen Nationalbibliothek
Die Deutsche Nationalbibliothek verzeichnet diese Publikation in der Deutschen Nationalbibliografie; detaillierte bibliografische Daten sind im Internet über http://dnb.d-nb.de abrufbar.

3 4 5 16 15 14 13

Internet: http://www.hanser-literaturverlage.de
Herstellung: Thomas Gerhardy
Covergestaltung, Illustrationen und Layout: Büro Alba
Druck und Bindung: Friedrich Pustet, Regensburg
Printed in Germany

ISBN 978-3-446-43215-4
E-Book ISBN 978-3-446-43302-1

Die Mitglieder der schärfsten Science Boygroup der Milchstraße:

Werner Gruber ist Experimental- und Neurophysiker an der Uni Wien. Zudem bombenbauender Nacktscanner-Experte und Erfinder der kulinarischen Physik, auf deren Gebiet er weltweit führender Experte ist. Er ist Head of the Jury of the Red Bull Paperwings Championship – der Weltmeisterschaft für Papierflieger – und schrieb die Bestseller „Unglaublich einfach. Einfach unglaublich", „Die Genussformel" und natürlich den Crowd Pleaser „Wer nichts weiß, muss alles glauben" (zusammen mit den zwei letztgenannten Herrschaften).

Heinz Oberhummer ist emeritierter Professor für Kern- und Astrophysik an der TU Wien, zudem als Vorsitzender der Konfessionslosen Österreichs und Beirat der Giordano-Bruno-Stiftung, Chef-Atheist und Skeptiker. Seine Arbeiten über die

Feinabstimmung des Universums sorgten für internationales Aufsehen. Neben dem gemeinsamen Science-Busters-Prachtband ist er Autor des Buchs „Kann das alles Zufall sein?", das 2009 Wissenschaftsbuch des Jahres wurde. Heinz Oberhummer lebt umgeben von Alpakas (die eines der widerstandsfähigsten Lebewesen, das Conan-Bakterium, in sich tragen) im Dunkelsteinerwald in der Nähe von Wien.

Martin Puntigam ist ehemaliger Medizinstudent und Studienabbrecher. Er wurde als Solokabarettist mehrfach für seine Satire ausgezeichnet (unter anderem mit dem Salzburger Stier, dem Prix Pantheon und dem Österreichischen Kleinkunstpreis). Er arbeitet in Wien unter anderem für die ORF-Radiosender Ö1 und FM4. Puntigam ist der Master of Ceremony der Science Busters, mit denen er den bereits erwähnten Blockbuster „Wer nichts weiß, muss alles glauben" schrieb und für das ORF-Fernsehen seit Dezember 2011 eine nicht minder erfolgreiche TV-Show herstellt.

Inhalt

INHALT

INHALT

Vorwort

Wissenschaft in der Öffentlichkeit zu verankern ist eine eigene Wissenschaft. Wissen in die Köpfe und Herzen von Menschen abseits des gebildeten Bürgertums zu pflanzen ist eine Herausforderung, die nur ganz wenige Wissenschaftler meistern. Selbst Wissenschaftsjournalisten haben Mühe, die richtige Sprache und die passende Form zu finden. (Viele) Menschen wollen unterhalten werden, lieben die Sensation und die Überraschung. Die Lernforschung (nicht nur bei Nacktschnecken) hat ergeben, dass nur das gelernt und für längere Zeit gemerkt wird, was unerwartet ein- oder auftritt. Das gilt nicht nur für Ereignisse, sondern auch für Einsichten. Ein weiteres Mittel, um die Neugier zu heben und die Spannung zu steigern, ist das Herstellen von überraschenden Zusammenhängen. Daraus ergeben sich manchmal auch neue Einsichten, aber vor allem regt es an, sich mit dem Inhalt auseinanderzusetzen.

Das vorliegende Buch ist ein Meisterwerk in dieser Beziehung. Es bedient sich all dieser Mittel und bereitet durchaus beträchtliche Mengen naturwissenschaftlicher Einsichten auf interessante und leicht verdauliche Weise zu. Gewürzt mit köstlichen Rezepten (geschrieben von Kochperfektionisten und Genießern) und voll von ausufernden Assoziationen und

Querverbindungen regt es Fantasie und Neugier gleichermaßen an. Doch bei all den Pointen und Doppeldeutigkeiten kommt die Wissenschaft nicht zu kurz. Dabei geht es weniger um neue Erkenntnisse als um *Aufklärung* im besten Sinn. Auf charmante und heitere Weise helfen die Autoren, Bekanntes in neuem Licht zu sehen und – hoffentlich – zu verstehen. Ist doch unser Wissen stark von Halbwahrheiten, Anekdoten, Mythen und Esoterik geprägt (getrübt). Überall tummeln sich Rattenfänger, Wunderheiler, Märchenerzähler, Geisterbeschwörer und Seelenklempner.

Nicht nur die Philosophie, auch die empirische Wissenschaft ist weniger damit beschäftigt, neues Wissen herbeizuschaffen, als altes, überholtes und falsches Wissen wegzuschaffen. Dafür wurden eigene Techniken der Müllentsorgung entwickelt. Karl Popper hätte sich den Nobelpreis für das effizienteste Wissensabfallwirtschaftssystem verdient. Im Laufe der Jahrhunderte haben Menschen alle möglichen Formen von Unsinn produziert und damit den wissenschaftlichen Fortschritt gehemmt. Zwar haben die Müllentsorger (auch in der Wissenschaft) keine hohe Reputation, sind aber (auch dort) äußerst nützlich. Der größte Feind bleibt die Spekulation. Die Fantasie des Menschen ist grenzenlos. Reinen Unsinn zu glauben ist ein Privileg des Menschen. Damit auch noch Geld zu verdienen ist ein Privileg unserer „Hochkultur".

Wie Naturwissenschaftler den Spekulanten und Leichtgläubigen begegnen, zeigt das Beispiel vom klugen Hans. Nicht nur der Besitzer dieses berühmten Pferdes glaubte an seine Rechenkünste, sondern auch viele Zeugen seiner Demonstrationen, vor allem Tierliebhaber und Sensationslustige. Sogar eine eigene kaiserliche Kommission wurde beauftragt, dem Pferd (oder dem Besitzer) auf die Schliche zu kommen, wurde aber auch nicht fündig. Erst ein schlauer Student (Oskar Pfungst) fand heraus, wie dieses Pferd die Aufgaben ganz ohne Magie lösen konnte. Sein (Oskars) Mittel zum Erfolg waren nüchternes Nachdenken und ein rigoroses experimentelles Vorgehen. Mit einer Reihe von ausgeklügelten Kontrollexperimenten konnte er zeigen, dass das Pferd zwar nicht über die ihm zugeschriebenen kognitiven Fähigkeiten verfügte (Lesen, Buchstabieren, Zählen, Rechnen etc.), aber dennoch in einem bestimmten Sinn außerordentlich klug war: Es hatte gelernt, subtile, unwillkürlich ausgesendete Verhaltenssignale der umstehenden Personen, welche die Lösung der Aufgaben kannten, zu nützen.

Der Erfolg der Naturwissenschaften mag in diesem Beispiel harmlos erscheinen, wenn es aber um uns Menschen geht, wird es ernst. Seit Kopernikus, Galilei und Darwin rufen sie beträchtliche Erschütterungen an unserem Menschenbild hervor. Am Pranger steht dabei die permanente Selbstüberhöhung. Wir Menschen bezeichnen uns gerne als die „Krone der Schöpfung" und schmücken uns mit dem Attribut *weise* (Homo *sapiens*). Kein Wunder also, dass unser Verhältnis zu allen *anderen* Tieren über Jahrtausende von unüberbrückbarer Differenz und kategorialer Überlegenheit bestimmt wurde. Nur wir Menschen haben Verstand und Moral, Tiere leben instinktgetrieben und amoralisch. Um die mit dem Wörtchen „nur" gekennzeichnete Sonderstellung oder Einzigartigkeit aufrechtzuerhalten, wurden Tiere entweder gar nicht oder zumindest nicht adäquat untersucht.

Heute gerät dieses gigantische Selbsttäuschungsprogramm immer stärker ins Wanken. Das poppersche Entsorgungssystem kommt in die Gänge, Glaube und Wissen stehen zunehmend in Konkurrenz. Neue Spieler stehen in den Reihen der Naturwissenschaftler. Eine ganz neue Mannschaft ist das Team der Kognitionsforscher. Hier laufen nicht nur Biologen und Psychologen, sondern auch Physiker, Informatiker und Linguisten auf das Feld. Allen gemeinsam ist die Erkundung dessen, was im Englischen als *mind* bezeichnet wird. Sie sind besonders an den Grundlagen und Mechanismen des Denkens interessiert. Während sich die Physiker mit den Gesetzmäßigkeiten der Arbeitsweise des Gehirns zuwenden, testen die Zoologen die Denkleistungen von Tieren bei den verschiedensten Aufgaben. Die dabei zutage geförderten Fähigkeiten sind für manchen Zeitgenossen nicht nur unerwartet, sondern im höchsten Maß irritierend. Bestimmte Tierarten bilden Traditionen und pflegen Kulturen, unterhalten sich auf äußerst subtile Weise, ziehen Analogieschlüsse und meistern Rechenaufgaben, erkennen sich im Spiegel, erinnern sich an Episoden oder planen in die Zukunft. Geradezu provokant sind die jüngsten Einsichten in die Evolution von Empathie und prosozialem Verhalten, Kooperation und selbstlosem Handeln bei Tieren. Sollten wir nicht langsam unsere geistige und moralische Sonderstellung gegen eine evolutionäre Entwicklung und graduelle Abstufung tauschen?

Manchen Menschen ist die evolutionäre Betrachtung (typisch) menschlicher Fähigkeiten – meist aus ideologischen Gründen – unangenehm. Aber auch Primatologen zeigten sich irritiert, als ich bei der 150-Jahr-Feier der britischen Royal

Society die neuesten Ergebnisse unserer Reptilienforschung (in unserem Laborjargon „Cold Blooded Cognition") vortrug. Köhlerschildkröten können voneinander lernen und folgen den Blicken ihrer Artgenossen. Das ist bemerkenswert, nicht nur wegen ihrer weiten stammesgeschichtlichen Distanz zu uns, sondern auch wegen ihrer solitären Lebensweise. Andererseits lassen sie sich nicht zum Gähnen durch einen Artgenossen verführen. Das stützt die Theorie, dass dieses für uns Menschen so typische Verhalten auf Empathie und Perspektivenübernahme beruht und dass es eine eher junge „Errungenschaft" der Evolution ist.

Ich war nicht verwundert, dass Menschen die Suche nach Bausteinen menschlichen Verhaltens bei Reptilien belächeln. Es wäre aber schön, wenn sie dem Motto des (dafür verliehenen) Ig Nobel Prize folgend zuerst schmunzeln und dann nachzudenken beginnen. Genau diese Vorgehensweise ist bei der Lektüre dieses Buches zu empfehlen. Wie bei einem guten Kabarett stecken hinter der heiteren Fassade ernste und wichtige Sachverhalte. Die spaßige Hülle sollte das Produkt leichter verdaulich machen und für größere Verbreitung sorgen. Vielleicht könnten damit aber auch bei einigen Lesern ideologische Barrieren überwunden und Aberglauben beseitigt werden. Ich würde es den Autoren sehr wünschen.

Univ.-Prof. Dr. Ludwig Huber

Leiter Vergleichende Kognitionsforschung
Messerli Forschungsinstitut
Veterinärmedizinische Universität Wien

KAPITEL I

MENSCHEN

Was wären Sie lieber: ein Seehase, ein Wasserbär oder ein Wurmgrunzer? Sie müssen nicht sofort antworten. Aber entscheiden müssen Sie sich, und „keines von den dreien" gilt nicht.

Wie die meisten Menschen bewundern vermutlich auch Sie edle, starke, erhabene Tiere mehr als ekelhafte, schleimige, kriechende Kreaturen. Häuptlinge, Eishockeymannschaften und schnelle Autos heißen in der Regel Hawks, Buffalos oder Lions, und wenn Schamanen die Hilfe ihrer Schutzgeister benötigen, dann rufen sie normalerweise nicht Ameise, Schildkröte oder Fadenwurm an, sondern Wolf, Adler und Bär. Instinktiv würde man also zu Wasserbär tendieren. Bären sind groß und stark, beliebte Wappentiere. Und sie können Winterruhe. Das würde die Energiesorgen der Menschheit rasant lindern, wenn ein Gutteil der Menschen jeden Winter für ein paar Monate schlafen würde, zusammengerollt im eigenen Fettmantel, die Zeitung vorher abbestellt und bei abgesenkter Raumtemperatur. Natürlich würde das ein gewisses Commitment voraussetzen. Zum Beispiel müssten wirklich alle schlafen. Denn wenn man nach vielen Wochen im Frühling aufwacht und aufs Klo gehen möchte, aber es ist kein Klo mehr da und überhaupt die gesamte Wohnung ausgeräumt, weil sich nicht alle an die Schlafregel gehalten haben, dann wäre Winterruhe oder Winterschlaf für uns auch kein Gewinn. Es können übrigens gar nicht alle Bären Winterruhe halten. Selbst wenn sie wollten. Manche haben dazu einfach keine Zeit.

Große Pandas etwa, die beliebtesten Bären des Globus. Wenn sie sich paaren, gibt es Liveübertragungen im Fernsehen. Wenn sie Junge bekommen, werden sie von Paparazzi belagert. Selbst ihre Nachgeburten gelten als Crowd Pleaser. Warum sind Pandas so beliebt? Man weiß es nicht genau. Ein Teil der Beliebtheit von Pandabären liegt sicher an ihrer Fellfarbe, die durch ihr konsequentes Schwarz-Weiß einen gewissen Retrocharme versprüht. Vielleicht fühlen sich Menschen in ihrer Gegenwart auch unbewusst sicher, weil Pandas ein bisschen aussehen wie ein Zebrastreifen.

Ansonsten ist der Große Panda aber eine unglaubliche Fehlkonstruktion. Er ernährt sich hauptsächlich von Bambus. Kein Mensch weiß, warum. Schließlich ist er ein Bär und besitzt die Grundausstattung eines Raubtieres. Zum Vegetarier wurde er erst auf dem zweiten Bildungsweg. Als ehemaliges Raubtier kann er Bambus mit seinem Verdauungsapparat nur zu etwa 20 Prozent verwerten, deshalb muss er Unmengen davon verzehren und hat sonst für fast gar nichts Zeit. Bis zu 20 Kilo am Tag, 16 Stunden lang. Das meiste davon muss er nach der Wanderung durch den Verdauungstrakt natürlich wieder loswerden. Knapp 100-mal am Tag defäziert ein ausgewachsener Panda. Viermal in der Stunde mithin. Da können wir froh sein, dass sich uns Menschen der Hund als Kulturfolger angeschlossen hat und nicht der Panda. Man möchte nicht wissen, wie es sonst in unseren Städten aussähe. Die Beliebtheit des Pandas rührt unter Umständen gar nicht daher, dass er bestimmte Dinge macht, sondern dass er bestimmte Dinge nicht macht: nämlich uns 24/7 auf den Gehsteig scheißen. Bei dieser Agenda ist natürlich an Winterruhe nicht zu denken.

Der Wasserbär hingegen kann nicht nur den ganzen Winter schlafen, nicht nur das ganze Jahr, sondern ganze Jahrhunderte. Zudem zählen Wasserbären zu den widerstandsfähigsten Lebewesen ever. Sie sind Großmeister im Überleben. Wenn Sie meinen, im Aufwachraum nach der Mandeloperation war es nicht besonders gechillt, dann fragen Sie einmal einen Wasserbären, wie er sich fühlt, wenn er wieder zum Leben erweckt wird. Aber glauben Sie mir, Sie wollen trotzdem kein Wasserbär sein. Warum, erfahren Sie auf Seite 196. (Aber nicht gleich jetzt vorblättern, sonst versäumen Sie die Reisewarnung ins Reich des Hasen.)

Sie meinen, dass Sie als Hase besser dran wären? Hier hat der Volksmund, vor dem man sich in der Regel hüten soll, ausnahmsweise einmal recht: glauben heißt nicht wissen. Nur weil Hasen als eierlegendes Beiwerk zum Osterfest von den meisten Menschen nicht ernst genommen werden, würde ich sie an Ihrer Stelle nicht unterschätzen. Bloß weil Sie Ihr eigenes Kaninchen niedlich finden, heißt das nicht, dass nicht die dunkle Seite der Macht in ihm schlummert. Wie das? Aufgepasst! Hasen haben zwar grundsätzlich keine Street Credibility als Raufbolde, bei deren Anblick man sich bekreuzigt und lieber die Straßenseite wechselt. Aber sie können für Menschen lebensgefährlich sein, wenn man es drauf anlegt. Nicht so wie das Killer-Kaninchen in *Monty Python and the Holy Grail*, das ist übertrieben. Auch Kaninchen sind an die Gesetze der Schwerkraft gebunden. Aber Kaninchen können als Mordwaffe verwendet werden.

Wie machen sie das? Suchen sie sich ein Maschinengewehr, legen sich auf den Abzug und mähen im Sperrfeuer alles nieder, was ihnen zu nahe kommt? Nein. Kaninchen, die töten, machen sich im Sinne des Gesetzgebers nicht strafbar. Denn sie töten, indem sie verzehrt werden. Und da können sie nachweislich gar nichts mehr aus eigenem Antrieb machen. Allerdings nimmt sich das Kaninchen, anders als der weltberühmte Kugelfisch Fugu, Zeit zum Töten. Der Kugelfisch hat es diesbezüglich eilig, und wenn man die falschen Teile von ihm isst, nämlich Darm, Rogen, Leber und gegebenenfalls auch die Haut, bekommt man kein Freispiel gratis dazu, sondern das hochwirksame Gift Tetrodotoxin, das in der passenden Dosierung innerhalb weniger Minuten zu Atemlähmung führt. Das schaut sicher sehr eindrucksvoll aus, aber wenn man in ein japanisches Restaurant zum Fugu-Essen fünf Minuten zu spät kommt, etwa wegen unregelmäßiger Zugfolgen bei der U-Bahn, dann hat man das Beste vielleicht schon versäumt, und der Gastgeber ist bereits nicht mehr steuerpflichtig. Das kann einem beim Kaninchen nicht passieren. Gefährlich ist nämlich nicht das Kaninchenfleisch an sich, sondern der einseitige Verzehr von magerem Fleisch. Wenn man sich ausschließlich von magerem Fleisch ernährt, dann bleibt man trotzdem stets hungrig, obwohl man von Tag zu Tag sogar immer mehr isst. Kurz bevor das Kaninchen final zuschlägt, isst man bis zu viermal mehr als zuvor. Dann treten Hungersymptome wie Anzeichen von Proteinvergiftung auf, und schließlich stirbt man. Man verhungert quasi allein vor der Grillplatte für zwei Personen, weil man nur das Fleisch isst und das Beilagengemüse verschmäht.

Tod durch Kaninchenbraten ist aber keineswegs ein Massenphänomen, da brauchen Sie keine Angst zu haben. Und auch als Selbstmordmethode ist es nur etwas für Menschen, die auch im Ableben unbedingt das Besondere suchen. Aber unter welchen Umständen können Kaninchen tödlich sein für Menschen? Woher weiß man das? Gilt das für alle? Ist das ansteckend? Wie kann ich mich davor schützen? Und zahlt das die Krankenkasse? Eins nach dem anderen, Rom wurde auch nicht an einem Tag erbaut, andererseits aber gut zuhören, der Pfarrer predigt auch nicht zweimal, zu Tode gefürchtet ist auch gestorben. Sind wir quitt, können wir Stoff machen, oder hätten Sie gerne Sie noch ein paar Plattitüden? Also. Forschungsreisende im 19. Jahrhundert, Inuit und auch amerikanische Ureinwohner, die, vor allem nach dem Winter, nur abgemagertes Wild erlegen konnten, waren mit diesem heimtückischen Phänomen konfrontiert. Ahnungslos setzten sie Meister Lampe an die Spitze ihrer Nahrungsmittel-Charts, und eh sie sich's versahen, waren sie auch schon Ex-Forschungsreisende im 19. Jahrhundert, Ex-Inuit und auch Ex-Ureinwohner. Kaninchenauszehrung oder besser Kaninchenhunger (*rabbit starva-*

tion) nennt man die Krankheit. Grundsätzlich geht es aber um zu viel mageres Fleisch, das Fleisch kann genauso von mageren Vögeln stammen, wenn es morden soll.

Der menschliche Körper schätzt diese einseitige Diät überhaupt nicht und weist seinen Besitzer mit Durchfall, Schwäche, Kopfschmerzen, Müdigkeit, niedrigem Blutdruck, schwachem Puls und Ableben darauf hin. Warum wir Menschen vom Essen sterben können, wenn es kein Fett enthält, ist allerdings nicht bekannt. Angefangen bei Vitaminmangel und Übersäuerung bis hin zur Überfrachtung des Blutes mit Abbauprodukten des Eiweißstoffwechsels gibt es viele Theorien, aber kaum Beweise. Was man immerhin weiß: Fett hilft als Arznei. Als vorbeugende Maßnahme gegen Kaninchenauszehrung also Kaninchen vorsichtshalber immer im Speckmantel verzehren. Oder gleich falschen Hasen bestellen. Da ist man dann überhaupt auf der sicheren Seite. Ähnlich gefährlich wie die Kaninchenauszehrung ist übrigens die Ananasdiät. Die kennen Sie vielleicht als Witz, den ein Bürokollege gnadenlos kredenzt, wenn man nicht rechtzeitig hochkonzentriertes Arbeiten vortäuscht. Er geht so, festhalten: „Ich mache gerade die Ananasdiät. Da darf man alles essen (dramatische Pause), außer Ananas." Wer dann nicht mitlacht, bekommt nie mehr eine PowerPoint-Präsentation per E-Mail geschickt oder einen Link zu einem lustigen YouTube-Video.

Die Ananasdiät, vor der man sich noch mehr hüten soll als vor Arbeitskollegen, die gerne Witze über sie erzählen, besteht darin, dass man sich eine Zeit lang im Wesentlichen nur von Ananas ernährt. Man verliert dadurch in kurzer Zeit ein wenig Gewicht, durch Entwässerung, das man aber sofort wieder zugelegt hat, wenn man wieder normal trinkt. Frischer Ananassaft entwässert extrem. Das heißt in erster Linie: Klogehen galore. Die Ananasdiät ist also komplett sinnlos, aber das gehört zu ihrer Job Description, schließlich handelt es sich um eine Diät.

Und warum machen Menschen das dann trotzdem? Aus Sehnsucht nach der sogenannten Idealfigur. Aus sozialem Zwang. Oder aus Lebensüberdruss. Lebensüberdruss deshalb, weil in der frischen, rohen Ananas das Enzym Papain enthalten ist (und Bromelain). Und Papain zerstört das Kollagen im Fleisch. Das heißt, wenn man längere Zeit viel und fast ausschließlich frischen Ananassaft zu sich nimmt, dann werden die Lippen spröde, das Zahnfleisch schwindet, es kommt zur Auflösung der Speiseröhre sowie des gesamten Magen-Darm-Traktes. Als Zeithorizont können sie circa drei Wochen einplanen. Das weiß man woher? Aus Tierversuchen mit Kaninchen? Nein. Verdient hätten sie es, diese Killermaschinen. Auf die Spur kam man diesem heimtückischen Bromeliengewächs durch britische Soldaten, die sich in Indien im Zweiten Weltkrieg vor deutschen Einheiten in einer Plantage verstecken und ein paar Wochen lang ausschließlich von Ananas ernähren mussten. Nach drei Wochen begannen den ersten die Zähne auszufallen, der Rest war dann Routine für die Ananas. Das heißt, wenn man sich entschließt, eisern eine Ananasdiät zu absolvieren, dann sollte man am besten auch gleich beginnen, seine Hinterlassenschaft zu regeln. Und wenn man einmal weiß, wie Substanzen wirken, dann kann man sich das auch zunutze machen.

Wildkaninchen
(oryctogalus cuninculus)
Großer Bambusbär
(ailuropoda melanoleuca)
Haushuhn
(gallus gallus domesticus)

In Filmen wie *Nikita* oder *Pulp Fiction* wird gezeigt, dass man Leichenteile relativ einfach loswerden kann, indem man sie in der Badewanne mit hochkonzentrierter Salzsäure übergießt. Gut, man muss davor aus der ganzen Leiche Teile machen, das ist eher etwas für robuste Mägen, aber die Body Parts schmölzen unter der Säure dann förmlich dahin wie Butter in der Sonne. Ein- bis zweimal ordentlich nachspülen, desinfizieren, und einem Vollbad der Überlebenden steht nichts mehr im Wege. So einfach geht das im Film. Die Realität sieht allerdings, wie so oft, anders aus. Muskelfleisch und Gefäße könnten zwar dem Säureangriff nicht standhalten, aber die Knochen würden nur gummiartig und zäh. Der Ausfluss wäre im Nu verstopft. Warum?

Knochen bestehen aus Kollagen und Kalziumphosphat. Die Partie Salzsäure gegen Kalziumphosphat endet mit 1:0 in der regulären Spielzeit, aber gegen das Kollagen bekommt die Säure auch in der Verlängerung keinen Fuß auf den Boden. Aus den harten Knochen wird eine weiche, flexible Substanz, die jeden Angriff abwehrt. Knapp vor dem Elferschießen wird aber Papain eingewechselt, und damit ist das Spiel gelaufen, das Kollagen hat nichts mehr entgegenzusetzen. Jetzt wissen Sie das auch und haben keine Ausrede, falls Sie einmal in eine solche Situation kommen sollten. Die weiche, flexible Substanz, die in der Badewanne aufs Papain und Bromelain wartet, ist übrigens im Wesentlichen Gelatine, die Grundsubstanz von Gummibärchen. Das heißt, mit ein wenig Geschick kann man aus seinem Partner Gummibärchen machen, die man verzehrt, während man sich darüber freut, dass die Lebensversicherung so rasch überwiesen wurde. Jetzt weiß man endlich, wie Erwachsene ebenso froh gemacht werden können. So, nun sind wir wieder bei den Bären gelandet, dabei waren wir schon über die Kaninchen hinaus bei der Ananas. Und dort machen wir auch weiter.

Wenn man sich zwischen Kaninchenauszehrung und Ananasdiät entscheiden müsste, wäre das keine leichte Wahl. Wer sich nicht gerne bewegt, könnte Ananas bevorzugen, weil die wirklich leicht zu fangen sind. Allerdings sind auch Kaninchen nicht schwer zu erlegen, wenn man weiß, wie es geht. Man braucht dazu lediglich einen Pkw, Nacht und ein Kaninchen. Ort der Handlung: ein Feldweg. Der Scheinwerfer des Autos leuchtet einen bestimmten Bereich aus, und genau diesen Bereich sieht der Hase. Mehr nicht. Dass es außerhalb des Lichtkegels auch noch eine Welt gibt, auf die Idee kommt der kleine Klopfer nicht. Man braucht also nur zu warten, bis er sich im Scheinwerferlicht verfangen hat, Gas zu geben, und kann danach die Strecke legen. Allerdings muss man Glück haben, dass man das Tier nicht platt walzt und man noch etwas anderes als Ragout aus ihm machen kann. Daher ist ein Gewehr vielleicht doch die bessere Wahl. Allerdings rate ich dringend zu Pfefferkörnern und gefrorenem Speck als Munition, und nicht zu Schrotkugeln. Schrotkugeln sind hart und zahlreich in der Patrone vorhanden, und wenn man nicht alle vor dem Garen entfernt, kann der Verzehr des Hasenbratens schnell unangenehme Zahnarzttermine nach sich ziehen. Hält man hingegen mit Pfeffer und Speck auf das Tier, vielleicht noch etwas Salz dazu, so ist der Hase bereits mit dem Blattschuss gewürzt. Wie bekommt man die Munition gefroren? Tagelang ins Gefrierfach legen und dann mit der Campingtasche auf die Jagd gehen? Wäre eine Möglichkeit, aber es geht auch cooler, nämlich mit flüssigem Stickstoff. Die Speck-Pfefferkorn-Mischung damit übergießen aka* abkühlen, in ein Druckluftgewehr laden und dann auf die Pirsch. Das hat folgenden Vorteil: Wenn der Hase getroffen wird, stirbt er – übrigens an Gewebeschock und nicht an durchsiebtem Torso oder Herzdurchschuss – und könnte danach zubereitet werden. Das heißt, abbalgen, ausnehmen und braten, gespickt und gewürzt ist er ja bereits. Geschmacklich ist zwischen Hase und Kaninchen übrigens kein massiver Unterschied, weshalb die beiden im Vorigen synonym verwendet wurden. Damit kommt man aber nicht immer durch. In der Brutpflege differieren die beiden doch beträchtlich, was aber bei der Kaninchenauszehrung nicht ins Gewicht fällt.

Kaninchen im Speckmantel nach Werner Gruber

1 Kaninchen
200 g durchwachsener Speck
50 g Butter
1 Zwiebel
1 geschälte Karotte
1 halber Sellerie
1 Messerspitze Rosmarin
2 Lorbeerblätter
10 zerstoßene Wacholderbeeren
2 gestrichene EL Salz
1 Messerspitze Pfeffer
150 g Sauerrahm (saure Sahne)
5 EL Schlagobers (Schlagsahne)
¼ l heißes Wasser
Maismehl zum Binden der Soße
3 EL Preiselbeeren

Den Hasen in größere Stücke zerteilen und noch einmal abwaschen. Fleisch mit Salz kräftig einreiben, rund eine Stunde ruhen lassen, mit Pfeffer würzen. In der Kasserolle die Butter erwärmen und darin das Fleisch kurz bei hoher Temperatur anbraten, danach das Fleisch in den Speck einwickeln und zur Seite legen. Die Zwiebel, die Karotte

* Abkürzung für „also known as“. Aus popkulturellem Kontext (Prince) fast bekannter: das ebenfalls klangvolle AFKAP.

und den halben Sellerie in mundgerechte Stücke schneiden und in die Kasserolle legen. Darauf die mit Speck umwickelten Hasenstücke legen, das heiße Wasser mit den Wacholderbeeren, den Lorbeerblättern und dem Rosmarin dazugeben und ab ins Rohr für rund eine Stunde bei 180 °C Ober- und Unterhitze.

Danach die Kasserolle herausnehmen, die Stücke Fleisch herausnehmen, das Schlagobers und den Sauerrahm mit dem Maismehl einbringen, kräftig verrühren, einmal kurz aufkochen lassen und die Preiselbeeren dazugeben, das Fleisch draufgeben und anrichten. Ich empfehle dazu Semmelknödel.

Kommen wir zurück zur Eingangsfrage. Die zielte nicht auf Kaninchen ab, sondern auf Seehasen (den man übrigens ganz anders zubereiten müsste). Wäre Seehase besser als Kaninchen und vielleicht doch eine lohnende Wahl? Seehasen können immerhin für ihre Gattung gewaltige Ausmaße erreichen, verbringen ihr Leben in Kalifornien oder Florida und haben einen Nobelpreis bekommen. Kein schlechtes Portfolio, das haben die meisten von uns nicht im Köcher. Trotzdem wollen Sie Seehase genauso wenig sein wie Wasserbär. Vertrauen Sie mir. Auch wenn Seehasen im Bedarfsfall ebenfalls tödlich zuschlagen, im Gegensatz zu Feldhasen aber nicht mit Fettarmut, sondern mit Gift. Doch zu den wahren Gründen, warum Sie kein Seehase sein möchten, später mehr, und glauben Sie mir, es handelt sich um gute Gründe.

Wenn Sie zwischen Wasserbär, Seehase und Wurmgrunzer wählen müssten, nähmen Sie Wurmgrunzer. Jede Wette. Wurmgrunzer sind nämlich Menschen, auch wenn der Name das nicht nahelegt. Beim Wurmgrunzen, oder charmanter *worm charming*, werden mittels eines in den Boden gerammten Holzpflocks und eines Metallstücks Vibrationen erzeugt, die Würmer aus der Erde locken.[1]

Das Metallstück wird am Ende des Holzpflocks hin und her gerieben. Die entstehenden Schwingungen halten die Würmer für einen herannahenden Maulwurf, ihren Fressfeind Nummer eins.

Sie fliehen an die Oberfläche. Es schaut aus wie ein Würmerwettrennen, allerdings sehr oft ohne Sieger. Aus der Sicht des Wurms stellt sich die Situation nämlich so dar: Er rennt um sein Leben, stellt möglicherweise einen 100-Zentimeter-Weltrekord in seiner Altersklasse auf, kommt völlig außer Atem an der Oberfläche an, möchte sich die Landesflagge um die Schultern wickeln, auf der Ehrenrunde im Blitzlichtgewitter seinen Sieg genießen und in Gedanken die Höhe der Sponsorenverträge ausrechnen. Doch leider: Statt Unsterblichkeit in der Wurm-Hall of Fame wartet oben der Wurmgrunzer, ungewaschen, unrasiert, mit Augenklappe, lacht dreckig und sammelt die quirligen Anglerköder ein – harhar.

Rare Enemy Effect wird das genannt. Man denkt, man ist schon aus dem Schneider, doch dann schlägt ein Gegner zu, den man in seine Planungen nicht einkalkuliert hat. So haben eben die Würmer zwar evolutionär eine wirkungsvolle Taktik entwickelt, um Maulwürfen zu entkommen, aber die Rechnung ohne den Grunzer gemacht. „The Wurmgrunzer always rings twice", wenn Sie so wollen. Ist man sehr geschickt, kann man vom Wurmgrunzen leben, zumindest in manchen Teilen Floridas. Im Nordwesten des Bundesstaates gibt es jedes Jahr ein Worm Gruntin' Festival in Sopchoppy, auf dem sogar eine Wurmgrunzerkönigin gekürt wird.

FACT BOX | *Schwingungen und Wellen*

Der Unterschied zwischen Schwingungen und Wellen ist, dass Schwingungen am selben Ort stattfinden, während Wellen sich im Raum ausbreiten. Jede Welle setzt sich aus Schwingungen an verschiedenen Orten zusammen. Zum Beispiel kreist eine „La Ola", die berühmte Welle im Stadion, deswegen um das Spielfeld, weil dabei Menschen aufstehen und sich wieder hinsetzen, also auf und ab schwingen. Sie verlassen dabei ihren Sitzplatz nicht, trotzdem bewegt sich eine Welle durch die ganze Arena.

Physikalische Schwingungen
Eine Schwingung ist eine regelmäßig wiederkehrende Bewegung. Im Alltag treten solche Schwingungen zum Beispiel bei Musikinstrumenten auf. Die bekanntesten Schwingungen führt ein Pendel aus, welches aus einer Masse am Ende eines Seiles besteht. Lenkt man ein Pendel aus seiner vertikalen Ruhelage aus, schwingt es hin und her. Unter Vibrationen versteht man Schwingungen von Körpern, die auch eine Hörbarkeit oder Fühlbarkeit der Schwingung beinhalten, wie zum Beispiel bei einer Saite oder Glocke.

Physikalische Wellen
Wellen bilden sich aus gekoppelten Schwingungen: Eine Schwingung löst eine benachbarte Schwingung aus, welche wiederum benachbarte Schwingungen auslöst und so weiter. Man kennt Wellen, die solchermaßen an ein schwingendes Medium gebunden sind. Dazu gehören Schallwellen, die sich in der Luft oder auch im Wasser ausbreiten. Dabei schwingen die Luft- beziehungsweise die Wassermoleküle.
Es gibt aber auch Wellen in Festkörpern. Dazu gehören zum Beispiel Metallstäbe, aber auch Erdbebenwellen, die sich durch große Bereiche der Erde hindurchbewegen können. Es gibt aber noch andere Wellen, die kein Medium brauchen, sondern sich auch im Vakuum fortpflanzen. Zu ihnen zählen alle elektromagnetischen Wellen: Lichtwellen, aber auch Radiowellen, Mikrowellen, Infrarot-, Ultraviolett-, Röntgen- und Gammastrahlung.

Die richtige Antwort auf unsere Eingangsfrage lautet also Wurmgrunzer. Ich bin mir sicher, alle haben es gewusst. Von Seehasen lernen heißt zwar denken lernen, wie Sie später noch erfahren werden, und Wasserbären sind sozusagen Popstars der Tierwelt, denen im Laufe dieses Buchs neben einem

Kapitel noch ein *Bravo*-Starschnitt gewidmet wird – aber mit Wurmgrunzer sind Sie trotzdem am besten dran, denn dann sind Sie ein Mensch.

Wir Menschen sind den allermeisten Lebewesen haushoch überlegen, weil wir ein sehr leistungsfähiges Gehirn besitzen, geschickt mit unseren Händen sind und Dinge machen, die sich Tiere nicht einmal ausdenken können. Und glauben Sie mir, in einer Welt, in der der Mensch die dominante Spezies ist, da wollen Sie kein Tier sein. Nicht einmal im Spaß. Denn Menschen, das werden wir gegen Ende des Buches besprechen, sind schlechterdings zu allem fähig. Und was sie sich ausdenken können, das machen sie in der Regel auch, wenn sie es schaffen. Nicht immer zu ihrem eigenen Vorteil oder dem ihrer Umgebung.

Trotzdem können Menschen natürlich auch sehr nett sein. Gerade zu Tieren. Viele Menschen mögen Tiere nicht nur, sie verehren sie richtiggehend. Manche wollen sie sogar heiraten. Sie halten Tiere für höhere Wesen mit geheimem Wissen und Kontakt zum übersinnlichen Universum, ziehen sie ihren Mitmenschen vor, halten sie für schlauer und erhoffen Schutz, Hilfe und Stärkung aus der Tierwelt, wie unzählige Erzählungen in allen Kulturen zeigen.

König Midas etwa, ein Phrygier c/o Kleinasien, der sogenannte Gold-Midas. Nach einem Missgeschick mit den Göttern musste er mit Eselsohren herumlaufen, die er unter einer sogenannten Phrygischen Mütze verbarg. Eine Phrygische Mütze aber besteht aus einem gegerbten Stierhodensack samt der umliegenden Fellpartie. Da fragt man sich, welchen Gewinn bringt das, warum setzt sich jemand das Skrotum eines

Nutzviehs auf? Natürlich zuvorderst aus praktischen Überlegungen. Nach einer Stierschlachtung bleibt der Hodensack über. Bevor man ihn wegwirft, kann man ihn auch zu einer Mütze verarbeiten, braucht man keine zu stricken. Die Menschen haben ja früher viel nachhaltiger gelebt, viel näher an der Natur, mit ihr im Einklang. Glauben heute viele, klingt ja auch kuschelig. Wahrscheinlicher ist aber, dass die Menschen zu allen Zeiten immer am Limit ihrer Möglichkeiten gelebt haben – bloß waren diese Möglichkeiten früher noch beschränkter.

Zurück zu den Stierhoden aka Phrygische Mütze. Nach der mythischen Vorstellung der Phrygier sollten durch das Tragen dieser Kopfbedeckung die besonderen Fähigkeiten des Stieres auf den Träger der Mütze übertragen werden. Man darf getrost annehmen, dass unter „besondere Fähigkeiten" folgende positive Eigenschaften subsumiert wurden: Kraft, Ungestümheit und Potenz, und nicht Sabbern beim Trinken, beim Fressen im eigenen Kot stehen und Nichtbemerken, dass man statt in eine Kuh in einen Plastikschlauch vom Tierarzt ejakuliert.

Dass dieser Tugendtransfer von Stier zu Mensch seinerzeit stattgefunden hat, darf mit Recht bezweifelt werden, denn so etwas funktioniert nicht. Grundsätzlich gibt es einen Austausch von Teilchen schon. Man kann durch Reibung Elektronen aus einem Objekt herausreißen, so entstehen Blitze, wie wir später sehen werden, und es gibt auch sogenannte Austauschteilchen.

Das sind Elementarteilchen, die als Handlanger der Grundkräfte Frondienst leisten. Photonen dienen der elektromagnetischen Kraft, Gluonen roboten bei der starken Kernkraft, und die schwache Kernkraft wird von Z- und W-Bosonen gepowert. Zwölf Austausch- aka Kräfteteilchen gibt es in der Elementarteilchenphysik, und sie machen ein Drittel der Belegschaft des Teilchenzoos in der Hochenergiephysik aus, was die Fantasie der Menschen seit Entdeckung der Elementarteilchen stark beflügelt hat.

Im Roman *Aus Dalkeys Archiven* des irischen Schriftstellers Flann O'Brien besteigt Sergeant Fortrell sein Fahrrad nur sehr ungern, weil er fürchtet, allmählich selber zum Veloziped zu degenerieren, und zwar durch einen Austausch der Moleküle. Oder, wie er es nennt, Mollyküle. Moleküle sind aber im Vergleich zu Austauschteilchen riesengroß. Deshalb wird man kein Fahrrad durch regelmäßiges Radfahren, bekommt keine Bullenkräfte vom Tragen einer Phrygischen Mütze und wird auch keine Kuh, wenn man viel Milch trinkt. Höchstens man wendet sich dabei unmäßig dem Gras zu.

Trotzdem hat man den Eindruck, vor allem bei Hundebesitzerinnen und -besitzern, sie würden ihren Hunden immer ähnlicher, je länger sie mit ihnen zusammenleben. Das hat jeder schon Dutzende Male erlebt, das lässt sich ganz leicht belegen, da braucht man nur auf die Straße oder in den Park zu gehen und zu schauen. Ist das so, weil a) ähnliche Lebensrhythmen und Umgebungen Mensch und Tier einander annähern, oder weil b) sich Menschen Hunde unbewusst nach ihrem Ebenbild aussuchen oder weil c) in Wirklichkeit das Tier den Menschen findet und nicht umgekehrt? Was schätzen Sie?

Für alle, die nicht mitraten wollen, haben wir die Antwort in Spiegelschrift eingeblendet.

Alle drei Antworten falsch

Rinks und Lechts

Bevor wir zur Auflösung dieser Rätselfrage kommen, nimm das, Fremder: Während sich fast alle bemühen mussten, die Antwort zu entschlüsseln, können viele Linkshänderinnen und Linkshänder auf Anhieb Spiegelschrift nicht nur lesen, sondern auch schreiben. Warum? Weiß kein Mensch. Deshalb gibt es diesmal auch keine drei möglichen Antworten.

Man kann die Menschheit auch nicht einfach in Rechts- und Linkshänder teilen. Viele Linkshänder haben keine Ahnung von ihrer Veranlagung inklusive der geradezu magischen Fähigkeiten, die manche dahinter vermuten. Bei den Rechtshändern liegen die Dinge einfacher, sie machen circa 70 Prozent der Bevölkerung aus und sind Personen, welche mit der rechten Hand, dem rechten Bein und mit der gesamten rechten Körperhälfte besser tasten beziehungsweise besagte Körperteile besser koordinieren können. Bei den Linkshändern schaut das anders aus.

Es gibt vollwertige Linkshänder – das bedeutet, alle Bereiche der linken Körperhemisphäre sind beweglicher, stärker und leichter koordinierbar. Aber es gibt auch Linkshänder, die wissen gar nicht, dass sie Linkshänder sind, sie haben zum Beispiel einen dominanten rechten Arm, aber das linke Bein ist beweglicher. So gesehen gibt es rund 94 Arten von Linkshändern. Wenn noch sechs „Like" anklicken, dann sind es 100. Das Symbol für „Gefällt mir" ist übrigens auch eine rechte Hand mit gerecktem Daumen. Reine Linkshänder sind sehr selten. Was kann man dazu sagen, vom Standpunkt der Neurophysik?

Viele Menschen glauben, dass die rechte Hand mit der linken Hirnhälfte verbunden ist, und die linke mit der rechten Hirnhälfte. Dies ist aber falsch. Rund 60 Prozent der Nervenverbindungen der rechten Hand gelangen in die linke Gehirnhemisphäre, die restlichen 40 Prozent gelangen in den ipsilateralen Teil, also den derselben Körperseite. Für die linke Hand gilt das Gleiche, nur spiegelverkehrt. Worin unterscheidet sich nun das Gehirn von Rechts- und Linkshändern?

Bei Rechtshändern schickt die rechte Hand mehr Nerven ins Gehirn als die linke Hand, und die rechte Hand erhält mehr Nerven vom Gehirn als die linke. Das ist alles. Wenn Ihnen also in Zukunft wieder einmal wer weismachen möchte, dass Hirnhälften und Arme diagonal miteinander verschränkt sind, dann wissen Sie, da brauchen Sie nicht weiter zuzuhören, da kennt sich wer nicht aus und macht sich lediglich wichtig.

Übrigens ist das Gehirn von Frauen nicht besser vernetzt als das von Männern, wie oft behauptet wird. Es ist auch nicht schlechter vernetzt, sondern anders. Zumindest meistens, denn natürlich gibt es immer auch Ausnahmen. Grundsätzlich gilt nur, dass wir alle irgendwann sterben müssen. Darüber hinausgehende absolute Aussagen sind immer mit Vorsicht zu genießen! Kleiner Scherz, Pardon.

Die bessere Vernetztheit von weiblichen Gehirnen ist ein Mythos mit historischen Wurzeln. Man hat den Balken vermessen, eine Nervenstruktur zwischen den Gehirnhälften. Über den Balken laufen alle Verbindungen zwischen den beiden Hirnhälften. Tatsächlich verfügen Frauen über mehr Verbindungen zwischen den beiden Hirnhälften als Männer. Denn Frauen haben zwei Broca-Areale, Männer nur eines.

Wenn Sie also einmal kein Broca-Areal zu Hause haben und eines ausborgen müssen, dann gehen Sie zur Nachbarin und nicht zum Nachbarn. Das Broca-Areal, im 19. Jahrhundert entdeckt und beschrieben vom französischen Arzt und Anthropologen Pierre Paul Broca, gilt als Sprachzentrum. Wenn man wie die Frauen zwei solcher Areale hat, ist man dann sprachbegabter? So schloss man zumindest damals. Es hat sich inzwischen aber gezeigt, dass die Zahl der Neuronen, die an den beiden weiblichen Broca-Arealen beteiligt sind, genauso groß ist wie die Neuronenanzahl des einen Broca-Areals bei Männern. Frauen wie Männer sind also gleichermaßen sprachtalentiert, oder gleich unbegabt, wie Sie wollen, nur dass sich das Sprachzentrum bei Frauen eben auf zwei Hälften aufteilt. Damit diese beiden gut zusammenarbeiten können, über die Grenzen der Hemisphären hinweg, müssen sie gut miteinander verbunden sein. Also gibt es bei Frauen mehr Verbindungen. That's it.

Diesen Mythos können Sie also getrost aus Ihrem Repertoire streichen, wenn bei einem Gespräch zu fortgeschrittener Stunde wieder einmal das Thema Geschlechterdifferenzen aufkommt.

FACT BOX | *Das Gehirn des Menschen*

Das Gehirn wiegt ungefähr zwischen 1.245 und 1.375 Gramm. Alles, was wir sehen, hören, wenn wir uns bewegen, denken, handeln, fühlen, entscheiden, uns erinnern, findet im Gehirn statt. Das Gehirn besteht aus drei verschiedenen Bereichen:

Die Großhirnrindc, ist rund drei Millimeter stark, und breitete man sie aus, wäre sie rund 1,5 Quadratmeter groß. Dort findet unser Denken, Handeln und Entscheiden statt. Im Inneren des Gehirns befinden sich die Kerne. Diese Kerne steuern unsere Triebe wie Durst und Hunger und sagen der Großhirnrinde, was sie zu denken hat. Der dritte Bereich sind die Verbindungen zwischen den einzelnen Bereichen.

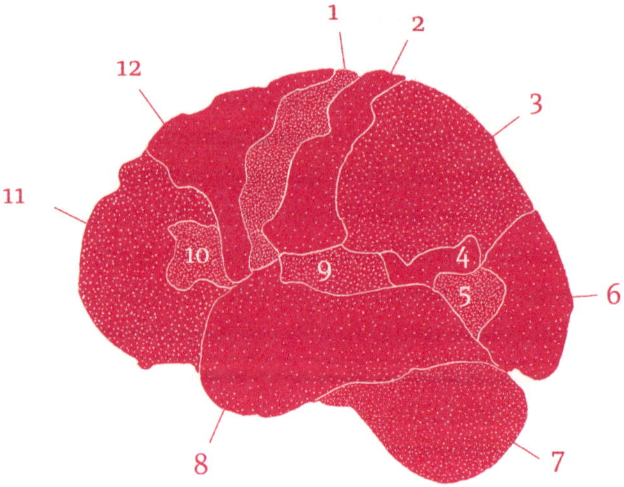

1. *Hier werden alle Muskeln des Körpers gesteuert.*
2. *In diesem Bereich wird die Oberfläche des Körpers abgebildet: das Tasten, das Spüren auf der Haut und die Temperatur.*
3. *In diesem Bereich werden alle Signale vom Sehen, Hören und Tasten miteinander abgeglichen, und hier wird auch gerechnet.*
4. *Damit verstehen wir Sprache.*
5. *Dieser Bereich ist für das Lesen wichtig.*
6. *Hier werden die Informationen von den Augen verarbeitet.*
7. *Das KLEINHIRN ist für die Feinregulation der Bewegung zuständig.*
8. *Hier sind alle Erinnerungen gespeichert, wirklich alle.*
9. *Für das Hören brauchen wir dieses Areal.*
10. *Das BROCA-Areal ist für das Sprechen zuständig, dort ist die Grammatik gespeichert.*
11. *Hier treffen wir Entscheidungen und überlegen, wie die Zukunft aussieht.*
12. *Wenn wir zielgerichtete oder ganz feine, überlegte Bewegungen durchführen, dann ist dieses Areal aktiv.*

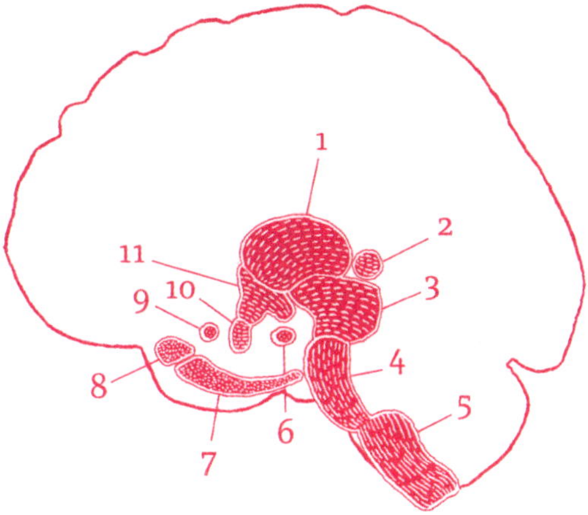

1. *Alle Signale von außen müssen durch den THALAMUS. Er bestimmt, was das Gehirn sehen, hören oder tasten darf.*
2. *In der ZIRBELDRÜSE wird der Schlaf-Wach-Rhythmus gesteuert.*
3. *Im MITTELHIRN werden alle Signale für die Bewegungen umgeschaltet.*
4. *Die BRÜCKE ist für die Aufmerksamkeit und teilweise für die Bewegung wichtig.*
5. *Im NACHHIRN liegen die Zentren für die Kontrolle von Nies-, Husten- und Schluckreiz sowie des Blutkreislaufs und der Atmung.*
6. *Wird die AREA TEGMENTALIS VENTRALIS (ATV) aktiviert, dann lernen wir das gerade durchgeführte Verhalten.*
7. *Der HIPPOCAMPUS speichert die Erlebnisse des Tages und überträgt sie dann teilweise in das Langzeitgedächtnis.*
8. *Der MANDELKERN ist für unsere Gefühle wie Angst oder Furcht zuständig.*
9. *Der NUCLEUS ACCUMBENS ist der Beginn einer ganzen Kaskade, über welche besonders erfolgreiches Verhalten gelernt wird. Er ist Teil des Belohnungssystems.*
10. *Die HYPOPHYSE ist eine Drüse. Sie gibt Hormone ab, die im Körper verschiedene Reaktionen verursachen.*
11. *Im HYPOTHALAMUS werden der Hunger, der Durst und der Schlaf gesteuert.*

FACT BOX | *Neuronale Verbindungen*

Wie kommt es nun zu unterschiedlichen Verbindungsstärken im Gehirn? Das hängt mit der Verteilung von Nervenwachstumsfaktoren zusammen. Die Nervenwachstumsfaktoren werden größtenteils von einzelnen Gruppen von Neuronen im Gehirn in der pränatalen Phase ausgeschüttet.
Sie sagen den Neuronen aus anderen Gebieten des Gehirns oder des Körpers quasi, wo sie ungefähr hinwachsen sollen. Dementsprechend wird das Gehirn grob verschaltet. Bei dieser Verschaltung kann es Probleme geben, die Phasen zwischen der Ausschüttung unterschiedlicher Nervenwachstumsfaktoren überschneiden sich, die Nervenwachstumsfaktoren werden zu gering ausgeschüttet und so weiter.
Dies führt dann meist zu falschen Verbindungen und letztendlich zum Abort des Embryos.

Wie es zu Links-, Rechts- beziehungsweise Mischhändigkeit kommt, ist bei Menschen weitgehend ungeklärt. Bei Hühnern hingegen nicht. Klar, denkt man sich, die haben die Zeit dafür, die haben ja bekanntlich nichts zu tun, legen jeden Tag ein Ei, und am Sonntag verdoppeln sie gelegentlich die Produktion. Herausgefunden haben es aber Menschen, Hühnern ist es höchstwahrscheinlich egal, ob sie Links- oder Rechtshänder sind. Die ersten Experimente zu Händigkeit hat der Biopsychologe Onur Güntürkün durchgeführt. Er ließ Hühnereier während des 21-tägigen Brütvorgangs täglich entweder wenden oder nicht, er stellte sie auf den Kopf und probierte viele weitere Positionen aus. Er und sein Team fanden so heraus, dass dort im Ei, wo sich mehr Nervenwachstumsfaktoren befinden, auch mehr Neuronen wachsen. Nervenwachstumsmoleküle sind groß und schwer und wandern gerne nach unten. Also befinden sich Bereiche, die gerade wachsen sollen, unten im Uterus, wo es vor Nervenwachstumsfaktoren nur so wimmelt. Die Entwicklung der Nerven für die Körperhälften hängt demnach, kurz gesagt, davon ab, wie ein Baby während der Schwangerschaft im Bauch liegt. Daraus zu schließen, dass Soccer Moms einen Weltfußballer gebären können, der mit beiden Beinen gleich gut schießen kann, wenn sie sich während der Schwangerschaft regelmäßig drehen und wenden, wäre aber wohl übertrieben. Ob es auch noch eine genetische Veranlagung für Händigkeit gibt? Kann sein, muss aber nicht. Menschen des 21. Jahrhunderts mögen genetische Erklärungen sehr, aber es ist noch ungeklärt.

Bei Hühnern, die nicht zu Versuchszwecken gewendet werden, liegt der Embryo vor dem Schlüpfen übrigens meistens so im Ei, dass nur das rechte Auge vom durchschimmernden Sonnenlicht erreicht werden kann. Die Lage des Embryos vor dem Schlüpfen ist zwar genetisch determiniert, das heißt, wie der Embryo im Ei liegt, bestimmen die Erbanlagen, aber die darauffolgende Asymmetrie in allen Denk- und Verarbeitungsprozessen im visuellen System entwickelt sich je nachdem. Wenn man das Ei, wie im Versuch, wendet und dreht, dann entwickelt sich das Sehsystem anders, als wenn man es in Ruhe lässt. Die erblich festgelegte Lage im Ei aber bewirkt im Gehirn des Kükens eine Spezialisierung des rechten Auges. Für Feindeinschätzung oder Beutebegutachtung verwenden Hühner deshalb in aller Regel ihr rechtes Auge. Sollten Sie also ein mächtiger Zauberer sein, der gerade die Verwandlung in einen Regenwurm übt, und ein Huhn nähert sich Ihnen mit dem rechten Auge voran, da wissen Sie, es ist höchste Zeit für die Rückverwandlung oder das ganze Üben war umsonst. Wie im Märchen vom Gestiefelten Kater. Ein sagenhaft blöder Zauberer, wenn Sie mich fragen. Dass der so mächtig werden konnte, um sich dann von einem dahergelaufenen Kater mit einem derartigen Häuslschmäh austricksen zu lassen, ist wirklich peinlich. „Oh Zauberer, du kannst dich sicher nicht in eine Maus verwandeln, haha." Er macht's und schwupp, landet er in der Speiseröhre des raffinierten Stubentigers, wie Katzen gerne scherzhaft von Menschen genannt werden, die vermutlich auch den Witz von der Ananasdiät spitze finden.

Märchenexperten unterstellen der Erzählung vom Gestiefelten Kater eine kritische Spiegelung der Ungerechtigkeiten beim Erbgang, wie er durch die Geburtsfolge damals vorgegeben war, denn nach dem Tode eines Müllers bekommt im Märchen der älteste Sohn die Mühle, der zweite einen Esel und der dritte aber einen scheinbar völlig wertlosen Kater, was ihm einen viel schlechteren Start ins Leben ermöglicht. Ich aber sage, der Zauberer war einfach ein Trottel und leicht zu eliminieren. Sonst wäre der Kater nie so berühmt geworden.

Was denkt sich der Mensch eigentlich?

Zurück zu den Hunden. Warum sehen Hundebesitzerinnen und -besitzer so oft ihren Tieren ähnlich? Gibt es da eine unsichtbare Verbindung zwischen Mensch und Kreatur, die sich möglicherweise auf einer feinstofflichen Ebene abspielt? Das war sinngemäß die Frage. Sie haben, wenn Sie sich zurückerinnern an Seite 38, drei Antworten angeboten bekommen, und alle drei waren falsch.

Es stimmt nämlich zwar, dass wir das alle schon vielfach beobachtet haben und überzeugt waren, dass es einen Zusammenhang gibt. Das liegt aber an uns und nicht an den ihren Herrchen aus dem Gesicht geschnittenen Hunden (oder umgekehrt?). Wenn wir so ein Dream-Team aus Hund und Herr sehen, bei dem einer das uneheliche Kind des anderen zu sein scheint, und zwei Wochen später begegnet uns wieder ein Doppelgänger am oberen Ende der Leine, dann denken wir: „Potztausend, das kann kein Zufall sein!" Gut, vielleicht kommt im 21. Jahrhundert nur mehr sehr wenigen Menschen tatsächlich das Wort potztausend in den Sinn, aber wenn sich der Vorfall wenig später noch einmal in ähnlicher Weise wiederholt, dann sind wir sicher, potztausend hin oder her: Hier gibt es einen augenscheinlichen Zusammenhang! Den gibt es auch, aber nur in unserem Gehirn.

Wir Menschen stellen uns nämlich gerne vor, dass Ereignisse, die gleichzeitig stattfinden, auch ursächlich miteinander zu tun haben. Das machen wir einfach, ist ja auch nicht verboten, und gratis ist es auch, der Steuerzahler wird dadurch nicht extra belastet. So kann beispielsweise ein Pullover magische Kräfte zugesprochen bekommen. Der Trainer der deutschen Nationalmannschaft im Herrenfußball, Joachim Löw, trug 2010 während der WM-Endrunde in Südafrika bei den Siegen gegen Australien, Ghana, England und Argentinien einen blauen Pullover. Warum hat er das gemacht? Hauptsächlich deshalb, weil es kulturell bei uns üblich ist, dass man nicht nackt in die Arbeit geht, und damit die Körperoberfläche nicht so schnell abkühlt. Weiß jeder. Trotzdem wurde der blaue Pullover berühmt als Glücksbringer, denn im Spiel gegen Serbien trug Löw eine Strickjacke. Und prompt wurde die Partie verloren. Im Halbfinale gegen Spanien hatte der Pullover zwar wieder Dienst, allein es half nichts. Möglicherweise handelte es sich um einen Pullover, der nur bis zum Semifinale wirkt. Hätte man vorher auf dem Waschzettel nachschauen müssen.

Noch berühmter als der Pullover wurde zur selben Zeit der Krake Paul. Der mittlerweile verstorbene Oktopus, der seine besten Jahre im nordrhein-westfälischen Oberhausen verbrachte, tippte alle Spiele bei der Fußball-WM richtig. Wie ging das vonstatten? Jeweils ein paar Tage vor der nächsten Entscheidung bekam Paul zwei identische Behältnisse aus Acrylglas in sein Aquarium platziert. Sie enthielten Wasser und, als Amuse-Gueule, eine Miesmuschel. Auf den Behältnissen waren die Nationalflaggen der Länder angebracht, deren Teams demnächst gegeneinander antreten sollten. Die Futterauswahl galt als Vorhersage des späteren Siegers. Und Paul wählte immer richtig. Schlaues Kerlchen, möchte man sich denken, hält aber umgehend inne, denn wer sich einsperren und beim Essen filmen lässt, kann nicht besonders schlau sein, das weiß man von Fernsehsendungen wie „Big Brother".

Für Oktopoden gilt das aber ausnahmsweise nicht. Sie sind im Gegenteil sogar besonders schlaue Tiere. So schlau, dass sie unter anderem deshalb unsere Nachfolger auf der Erde werden könnten, worauf wir im letzten Kapitel des Buchs eingehen werden.

Die Zukunft durch Miesmuschelkonsum vorhersagen können Oktopoden aber trotzdem nicht. Paul hat durch seine aufsehenerregende Trefferquote zwar jedes menschliche Orakel aus dem Feld geschlagen und wurde im Vergleich zum dem, was Wahrsagerinnen und Wahrsager sonst verlangen, mit einer Muschel nur sehr dürftig entlohnt, er war aber nichts Besonderes. Weltweit hat es Hunderte Orakel gegeben, Hunde, Papageien, Flöhe, you name it. Und wenn sehr viele Tiere gleichzeitig dasselbe versuchen, dann ist laut statistischer Wahrscheinlichkeit auch ein Tier dabei, das zufällig die richtige Reihenfolge tippt. Alle anderen sind nämlich irgendwann falschgelegen. Es war reiner Zufall. Wir Menschen versuchen trotzdem, in solchen Situationen einen Zusammenhang zu finden. Wir machen den Denkfehler, dass wir nur Ereignisse wahrnehmen, die in unser System passen – im vorliegenden Fall die immer eintreffenden Vorhersagen von Paul. Andere werden oft einfach ignoriert. Das ist das ganze Geheimnis hinter der Wahrsagerei. Wir nehmen selektiv wahr, weil unser Gehirn so funktioniert.

Bei Hund und Herrchen ist es ähnlich. Wir merken uns das Spektakuläre. Wenn wir nämlich dazwischen Hunde und Herrchen treffen, die sich nicht ähneln, schenken wir ihnen nur wenig Beachtung. Oder, was bei den Doppelgängern noch dazukommt: Wir sehen mehr, als es zu sehen gibt. Mensch und Tier schauen sich vielleicht gar nicht so ähnlich, wie wir glauben, wir vervollständigen einfach ein Muster. Mustervervollständigung und selektive Wahrnehmung sind weitverbreitet, wissenschaftlich gut verstanden und werden im Alltag trotzdem stark unterschätzt.

Also Obacht! Es geht hier um Zusammenhänge, die wir unbewusst herstellen. Weil unser Gehirn so funktioniert, wie es funktioniert, und wir deshalb glauben wollen, was wir glauben wollen. Und bei Betrügereien und Scharlatanerien wie Astrologie, Homöopathie, Religion und Ähnlichem wird genau aus diesem menschlichen Bauartfehler vorsätzlich und bewusst Gewinn gezogen.

Warum wir Zusammenhänge herstellen, die es nicht gibt, und trotzdem so gerne daran glauben, wissen wir nicht genau. Aber es gibt gute Theorien. Ein Grund könnte in einem sehr alten Teil unseres Gehirns liegen. Schließlich hat dieses sich bereits zu einer Zeit entwickelt, als es für uns Menschen noch günstig war, Zusammenhänge nicht lange zu hinterfragen. Wenn es etwa im Geäst knackte, nicht erst zu schauen, ob ein Fressfeind auf der Pirsch ist, sondern ohne Doppelblindprüfung das Weite zu suchen. Das konnte das Überleben sichern. Menschen, die unbedingt genau schauen wollten, was da geknackt hat, um ganz sicher zu sein, dass ihre Reaktion auch evidenzbasiert ist, sind seinerzeit aus dem Organigramm unserer potenziellen Vorfahren ausgeschieden.

Heute schaut unsere Welt anders aus, und wir sind die Fressfeinde der meisten anderen Lebewesen. Unser Gehirn aber hat sich entwickelt wie eine kleine Frühstückspension, die einst mit nur ein paar Zimmern ohne viel Komfort und einem Gemeinschaftsklo am Gang begonnen hat und mittlerweile zum modernen Luxusresort ausgebaut wurde mit allem Schnickschnack. Die historische Substanz ist jedoch noch erhalten, und deshalb reagieren wir manchmal komisch. In der Wissenschaft nennt man die Phänomene, die den Erfolg von blauen Pullovern, dem Kraken Paul und der Ähnlichkeit von Hund und Herrchen beschreiben, übrigens Synchronisation und Synchronizität.

FACT BOX | *Synchronizität*

Zur Synchronizität, also dem Herstellen von nicht vorhandenen Zusammenhängen, gibt es ein berühmtes Experiment des amerikanischen Psychologen Burrhus Skinner aus dem Jahre 1948 namens „Superstition in the pigeon – Aberglaube bei Tauben". Tauben bekamen in einem Käfig regelmäßig Futter, alle 15 Sekunden völlig automatisch. Damit waren sie aber nicht zufrieden, sondern sie vollführten in den Wartepausen allerlei Bewegungen.

Es waren zufällige Bewegungen, bei jeder Taube andere, aber mit der Zeit fingen die Tauben an, vor der Fütterung bestimmte Bewegungen zu wiederholen. So, als ob sie der Meinung wären, die Fütterung durch ihr Benehmen beeinflussen zu können. Die Tauben verstärkten das Verhalten, das sie mit Futter in Bezug setzten. Sie hatten scheinbar gelernt, dass bestimmte Bewegungen bestimmte Folgen zeitigen.

Der Mensch ist komplizierter gebaut als Tauben und kann mehr Dinge gleichzeitig bedenken, deshalb funktioniert so etwas beim Menschen nicht ohne Weiteres, aber strukturell ist es möglich. Die BBC wollte überprüfen, ob sich diese Form der unbewussten Konditionierung auch mit Menschen nachstellen ließ. Sie verbrachte mehrere Versuchsteilnehmer in einen Raum, an dessen Wand ein Zähler montiert war. Im Raum befanden sich verschiedene Sitzgelegenheiten, ein Flipper und dergleichen mehr.

Die Aufgabe lautete, durch Handlungen den Zähler in einer bestimmten Zeit von 100 auf null zu stellen, egal wie. Ob durch bestimmte Bewegungen, Laute oder durch Nichtstun, egal was. Als Belohnung winkte jedem Gruppenmitglied Geld in einer sinnvollen Höhe, also so viel, dass die Gruppe animiert war, sich mit der Lösung des Problems zu beschäftigen.

Mit der Zeit entwickelte sich so eine genaue Abfolge von Bewegungsabläufen, abhängig davon, bei welchen ihrer Moves die Probanden feststellten, dass der Zähler besonders in Fahrt kam und immer niedrigere Zahlen anzeigte. Die Gruppenmitglieder entwickelten ein Bewegungsmuster, während sie eigentlich der Meinung waren, eines zu entdecken. Tatsächlich schafften sie es so, innerhalb der vorgegebenen Zeit von 100 auf null zu kommen. Der Clou an der Sache war: Im Nebenzimmer stand ein Aquarium mit einem Goldfisch, und jedes Mal, wenn der Fisch von einer Seite auf die andere schwamm, wurde eine Ziffer runter gezählt. Die komplizierte Choreografie der Menschen hatte damit gar nichts zu tun.

Unter Synchronisation versteht man, dass unser Gehirn Muster vervollständigt. Das kann es, das macht es, mehr hat es nicht im Portfolio. Das ist aber wesentlich besser, als es klingt, denn so macht es sich unsere Gedanken.

Wie geht das? Jeder Gedanke ist ein Muster im Gehirn. Gebildet wird das Muster von Neuronen. Neuronen sind die Bausteine unseres Gehirns, die Nervenzellen, die auf die Erregungsleitung spezialisiert sind. Es gibt viele verschiedene Arten von Neuronen, beispielsweise Spiegelneuronen, die wir im nächsten Kapitel kennenlernen werden. Um zu verstehen, wie ein Gedanke entsteht, brauchen wir aber nur zwei: hemmende und erregende Neuronen. Und dann lohnt sich ein Blick auf das Liebesleben der Glühwürmchen.

Es gibt nämlich auch zwei Arten von Glühwürmchen. Glühwürmchen können entweder nur leuchten oder nur blinken, um Weibchen anzulocken. In den Weiten des Amazonas und in Gebieten von Südostasien blinken die Glühwürmchen, während sie bei uns eher leuchten. Ein kurzer Lichtimpuls gefolgt von ein paar Sekunden der Dunkelheit lockt die Weibchen an. Am Amazonas hat es ein einziges männliches Glühwürmchen schwer, ein Weibchen anzulocken, zumal diese rund 50 bis 100 Meter über den Bäumen fliegen. Also versammeln sich die Männchen auf einem etwas höheren Baum. Damit haben es die Weibchen leichter, das schwache Licht zu sehen. Wenn Männchen bei Anbruch der Dämmerung eintreffen, ist ihr Aufleuchten noch ziemlich unkoordiniert, quasi Vorglühen. Mit zunehmender Dunkelheit bilden sich jedoch Inseln synchronen Blinkens heraus, die so lange wachsen, bis der gesamte Baum in einem faszinierenden Lichtspiel pulsiert.

Die Herausforderung für die Glühwürmchenmännchen besteht darin, dass sie nicht durcheinanderblinken dürfen. Die Weibchen reagieren nur auf ein regelmäßiges, artspezifisches Blinken. Und sie fühlen sich nur vom Kollektiv angezogen. Ein Glühwürmchen blinkt mit einer bestimmten Eigenfrequenz, und jede Art hat ein spezielles Blinkmuster. Die einen blinken zum Beispiel fünfmal hintereinander, um dann eine längere Ruhepause einzulegen, andere blinken in unterschiedlichen Farben.

Doch alle Glühwürmchen einer Art müssen gleichzeitig blinken, damit die Weibchen zu den Männchen fliegen. Zunächst glaubte die Forschung an eine optische Täuschung. Man konnte sich nicht vorstellen, wie Tausende und Abertausende Glühwürmchen es schaffen sollten, gleichzeitig zu blinken. Es wurde die Existenz eines sogenannten Chef-Glühwürmchens vermutet, welches den Rhythmus vorgibt. Sozusagen ein Elvis-Glühwürmchen, das den Takt einzählt, bevor das gesamte Ensemble einsetzt. Die Annahme stellte sich als falsch heraus. Denn was wäre gewesen, wenn ein Vogel das Chef-Glühwürmchen schnabuliert hätte? Hätte dann sein Stellvertreter nachrücken müssen? Und wie wäre der bestimmt worden, geheime Briefwahl? Eben.

Im Prinzip lässt sich dieses Problem aber trotzdem durch Demokratie lösen. Zwei Glühwürmchen entscheiden sich für eine Frequenz. Wenn ein neues hinzukommt, dann passt sich das eine an den Rhythmus der anderen beiden an und umgekehrt und so weiter. Und irgendwann blinken alle Glühwürmchen gleichzeitig und haben so die Chance, sich fortzupflanzen. Das Problem und die Lösung der Glühwürmchen lassen sich auf die Neurophysik übertragen. Es zeigte sich, dass die Funktion, die die Reaktion des Leuchtstoffes beschreibt, identisch ist mit den elektrochemischen Reaktionen, die für das Auslösen des Aktionspotenzials verantwortlich sind. Ein denkender Mensch ist also im übertragenen Sinn tatsächlich so etwas wie eine Leuchte. Damit wurde es möglich, wichtige Fragen aus der Neurowissenschaft zu lösen. Unter anderem die, wie ein Gedanke entsteht. Denn bei der Entstehung eines Gedankens synchronisieren sich nicht Glühwürmchen, sondern Neuronen. Alle Neuronen, die einen Gedanken repräsentieren, „blinken" exakt gleichzeitig. Man spricht dabei von feuern, das heißt, sie geben ein elektrisches Signal ab. Alle Neuronen eines Gedankens sind durch die Synapsen miteinander verbunden und erfahren alles zur selben Zeit. Wenn so eine Verbindung zwischen den Neuronen besteht, dann wird sie mit der Zeit verstärkt, und so können wir denselben Gedanken das nächste Mal leichter denken. Wir haben ihn quasi gelernt. Er ist uns förmlich in Fleisch und Blut übergegangen, wenn Sie so wollen. Also Blut weniger, die Mühen, die Ihnen das letzte Sudoku gemacht hat, lassen sich nicht am Blutbild ablesen, aber diese Verstärkungen sind physisch nachweisbar. Nach einem Gedanken erscheinen die hemmenden Neuronen am Spielfeld und schalten den Gedanken wieder ab, indem sie den erregenden Neuronen sagen: Feuer einstellen, es reicht fürs Erste. Und so geht das pausenlos dahin, solange wir leben. Man kann nämlich nicht nichts denken, irgendwas ist immer los im Gehirn.

Aber jetzt kommt der Superjoker: Wenn ein Gedanke einmal gelernt wurde, dann reicht es, wenn zwei Drittel der Neuronen feuern, dann wird das letzte Drittel gezwungen, mitzufeuern. Auch wenn es sich gerade auf Zeitausgleich befindet, es hat immer Rufbereitschaft: Wenn die anderen zwei Drittel feuern, muss es zur Dienststelle kommen. Es wird sozusagen dazusynchronisiert. So wird ein Gedanke aka ein Muster vervollständigt. Deshalb brauchen wir einen Menschen, den wir kennen, nicht jedes Mal von Kopf bis Fuß begutachten, sondern es reichen ein paar Hinweise, und den Rest erledigt das Feature Autocomplete. Und so kann es auch passieren, dass wir zu sehen glauben, dass Hund und Herr einander stark ähneln, obwohl die Gemeinsamkeiten sich in Grenzen halten. Weil einige Anhaltspunkte reichen und unser Gehirn ein Muster vervollständigt. Wir sehen mehr, als wir eigentlich sehen. So kommt übrigens auch ein Déjà-vu zustande.

Im Banne des Seehasen

Wie Lernen funktioniert, das hat kein Glühwürmchenforscher herausgefunden, sondern der kanadische Psychologe Donald O. Hebb. Er erkannte in den 1950er-Jahren, dass Neuronen, die gleichzeitig aktiv sind, ihre Verbindungen verstärken. Die Entdeckung der Gedanken, wie wir sie heute beschreiben, begann aber schon vor über 100 Jahren. Der italienische Mediziner und Physiologe Camillo Golgi entdeckte Ende des 19. Jahrhunderts eine Färbetechnik, die Silbernitrattechnik, mit der es möglich war, feine Strukturen des Gehirns einzufärben. Das Problem bestand bis dahin darin, dass man entweder alles einfärbte oder nichts. Schwarze Strukturen sind auf einem schwarzen Hintergrund aber nur sehr schwer zu erkennen. Mit Golgis neuer Färbetechnik erkannte man nun unglaublich viele Details: Bahnen, die quer durch das Gehirn verlaufen, geschichtete Strukturen oder auch kleinste Kerne im Gehirn. Der wohl wichtigste Neurowissenschaftler der Geschichte, sozusagen der Albert Einstein der Neurowissenschaften, der spanische Mediziner Ramón y Cajal postulierte im Weiteren, dass das Gehirn aus kleinsten Strukturen besteht. Diese Strukturen wurden als Neuronen bekannt. Für ihre Erkenntnisse bekamen die beiden im Jahr 1906 den Nobelpreis.

FACT BOX | *Neuronen*

Die Bezeichnung Neuron stammt vom deutschen Anatomen Heinrich Wilhelm Waldeyer. Erst durch die Färbetechnik von Camillo Golgi konnte man einzelne Neuronen identifizieren. Man kann die Neuronen nach ihrer Funktion oder nach ihrem Aussehen unterscheiden. Heute kennt man über 100 verschiedene Arten. Praktisch reicht es aber zu wissen, dass es zwei Arten von

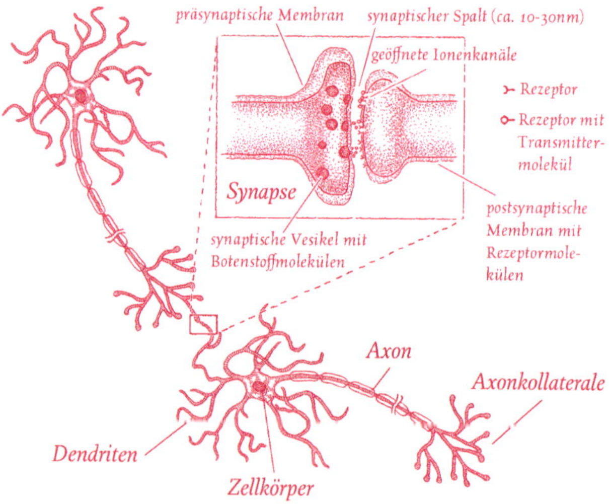

Neuronen gibt: erregende und hemmende. Die erregenden Neuronen, auch als Pyramidenzellen bekannt, besitzen einen pyramidenförmigen Zellkörper. Im Zellkörper werden ausreichend Moleküle für das übrige Neuron synthetisiert, was der Regeneration des Neurons dient. Oberhalb des Neurons befinden sich die Dendriten. Dabei handelt es sich um Äste, die sich in alle Richtungen strecken.

Unterhalb des Zellkörpers befindet sich das Axon, ein langer dünner Strang, der die Signale über größere Distanzen weiterleiten kann. Am Ende des Axons verzweigt es sich wie die Wurzeln eines Baumes. Diese Verzweigungen nehmen dann mit anderen Neuronen vor allem über die Dendriten Kontakt auf. Deshalb sind sowohl die Dendriten als auch die Enden der Axone auch so extrem verzweigt: damit möglichst viele Kontakte hergestellt werden können.

Diese Kontaktstellen haben einen eigenen Namen, sie werden als Synapsen bezeichnet. Man kann zwar sagen, dass die Neuronen die Basisbausteine des Gehirns sind, aber die wirkliche Arbeit und leider auch die Probleme machen in der Regel die Synapsen. An den Synapsen entscheidet sich, ob wir etwas lernen, ob wir an Schizophrenie oder an Depression leiden. Was passiert dort genau? Ein elektrisches Signal kommt über ein Axon zu den Axonkollateralen. Auf dieser Verästelung befindet sich eine Ausstülpung, die sogenannte Präsynapse. Dort führt das elektrische Signal dazu, dass an der Oberfläche der Präsynapse eine chemische Substanz freigesetzt wird. Diese chemische Substanz, auch als Neurotransmitter bezeichnet, wandert durch den synaptischen Spalt, der 30-mal kleiner ist als die Lichtwellenlänge von rotem Licht.

Die einzelnen Neuronen sind durch diesen Spalt voneinander getrennt. Der Neurotransmitter wandert dann zum anderen Neuron und wird dort an spezielle Rezeptoren gebunden. Dadurch entsteht dann wieder ein elektrisches Signal, welches über einen einzelnen Dendriten zum Zellkörper wandert. Dort, wo das Axon dem Zellkörper entspringt – man spricht vom Axonhügel –, werden nun alle Signale zusammengezählt, und wenn ein bestimmter Wert überschritten ist, wird ein Aktionspotenzial ausgelöst.

Dieses Signal ist dann besonders stark und wandert wiederum über das Axon und über die Axonkollateralen weiter. Wird der Schwellwert nicht erreicht, dann verschwindet das Signal im Rauschen des Gehirns und hat für die Zukunft keine Bedeutung mehr.

Was Donald O. Hebb als seine Lernregel postulierte, konnte der Neurowissenschaftler Eric Kandel experimentell nachweisen. Nämlich, dass beim Lernen die Synapsen, also die Kontaktstellen zwischen den beteiligten synchron aktiven Neuronen, ihre Übertragungsrate steigern. Und dass es verschiedene Mechanismen gibt, die dafür sorgen, dass dann mehr Neurotransmitter ausgeschüttet werden als normalerweise. Kandel, ein ehemaliger Österreicher, 1939 von den Nationalsozialisten vertrieben, bekam im Jahr 2000 dafür den Nobelpreis für Medizin, weil er einen von mehreren Prozessen erklären konnte, bei dem die Synapsen während der hebbschen Lernregel ihre Aktivität erhöhen. Herausgefunden hat er es sozusagen im Schneckentempo.*

Gedankenlesen durch Schneckenstreicheln

Neuronen sind in der Regel nicht sehr groß. Das menschliche Gehirn ist bei Weitem zu komplex und die Neuronen und Synapsen sind zu klein, um genaue Untersuchungen anstellen zu können. Wer beim Menschen die Schädeldecke aufschneidet, sie abhebt und aufs Gehirn schaut, kann die Neuronen noch nicht bei der Arbeit beobachten. Das heißt, eigentlich geht es schon, aber es wird selten gemacht, weil die Probanden das nicht so lässig finden. Und die Ethikkommission billigt solche kruden Versuchsanordnungen auch nicht. Das macht Untersuchungen von Gedanken schwierig. Das wusste

*Dass Donald O. Hebb den Nobelpreis nicht bekam, dürfte an seiner Zusammenarbeit mit der CIA liegen, für die er an der Entwicklung neuer Methoden der Gehirnwäsche und der sogenannten Weißen Folter gearbeitet hat.[2]

auch Eric Kandel, als er in den 60er-Jahren des 20. Jahrhunderts mit seinen Experimenten begann. Um zu erforschen, was in Neuronen während des Lernens passiert, suchte Eric Kandel daher ein Tier, das zum einen eine kleine Menge an relativ großen Neuronen besitzt. Und es sollte zum anderen über nur wenige, aber dennoch ausreichend komplexe Verhaltensweisen verfügen. Woher nehmen und nicht stehlen? Aus dem Meer. Kandel fand das optimale Forschungsobjekt in der *Aplysia californica*, einer Schneckenart, die auch kalifornischer Seehase (*sea hare*) genannt wird. (Sie werden mir an dieser Stelle ein weiteres Mal zustimmen müssen, dass Wurmgrunzer die bessere Wahl war.) Die größten Exemplare der *Aplysia* können eine Länge von bis zu eindreiviertel Meter erreichen und an die zwei Kilogramm auf die Waage bringen. Wenn man den menschlichen Body-Mass-Index für Kinder anlegt, hätte die Schnecke extremes Untergewicht und wäre ein Fall fürs Jugendamt, in der Schneckenwelt handelte es sich um einen Prachtkerl.

Warum der Seehase Seehase genannt wird, weiß man nicht genau, vermutlich aber, weil er von vorne ein bisschen so aussieht wie ein Hase. Das, was man also Menschenkindern früh beibringt, nämlich dass man keine Witze übers Aussehen macht, galt für Zoologen damals nicht, als sie den Seehasen mit einem Streetname versahen. Wann sich Mensch und Seehase erstmals über den Weg geschwommen sind, lässt sich heute nicht mehr genau sagen. Die Beziehung zwischen Schnecke und Mensch besteht jedoch schon sehr lange. Landschnecken waren offenbar die ersten Tiere, die vom Menschen gezüchtet worden sind. Archäologische Funde belegen Schneckenzucht schon seit dem zwölften Jahrhundert vor unserer Zeitrechnung. Seit damals stehen sie auf unserem Speisezettel. Ihre Mitwirkung in den Neurowissenschaften ist allerdings jüngeren Datums.

Die *Aplysia* besitzt nur rund 20.000 Neuronen, die genetisch eindeutig miteinander verknüpft sind. Damit kann man jedes Neuron in den Ganglien eindeutig identifizieren und bezeichnen. Ganglien sind Anhäufungen von Nervenzellkörpern, Knotenpunkte, an denen Neuronen zusammenkommen. Die eindeutige Zuordnung und Bezeichnung der Neuronen ist sehr wichtig, denn viele Experimente müssen wiederholt werden, und wenn jedes Versuchstier über die gleichen Verknüpfungen verfügt, können die Experimente auch an anderen Seehasen durchgeführt werden. Die Neuronen der *Aplysia* sind ungewöhnlich groß und können unter dem Lichtmikroskop betrachtet werden. Da die *Aplysia* ein Kurzzeit- und ein Langzeitgedächtnis besitzt, ist es das optimale Tier, um Reiz-Reaktionsmuster und deren Veränderungen zu untersuchen. Für Kandel und sein Team war es notwendig zu klären, wie sich Neuronen respektive die Synapsen während des Lernens verändern können, denn trotz der unterschiedlichen Arten von Gedächtnissen läuft alles auf Synapsen beziehungsweise auf die Änderung der elektrischen Potenziale an den Synapsen hinaus. Die Synapse ist beim Lernen der MC, der Master of Ceremony.

FACT BOX | *Gedächtnis*

Warum brauchen wir ein Gedächtnis? Ganz einfach: damit uns der Alltag leichter fällt. Es ist nämlich ziemlich anstrengend, jedes Mal von Neuem herauszufinden, wie man einen Schweinsbraten macht oder welchen Fuß man wann beim Gehen vor den anderen setzen muss.

So gesehen hilft uns sowohl unser Gedächtnis als auch die Schrift. Die Schrift ist die Erweiterung des Gedächtnisses.

Wir unterscheiden verschiedene Lernprozesse auf unterschiedlichen Ebenen des Gehirns. Die meisten Menschen glauben, dass Lernen nur bewusste Informationsverarbeitung ist. Natürlich ist Lernen in der Schule auch ein Prozess, der bestimmte Reiz-Reaktionsketten verändert. Doch auch jede Veränderung einer Verhaltensweise ist ein Lernprozess.

Man muss sich darüber im Klaren sein, dass es zwei wesentliche Arten von Gedächtnissen gibt: das explizite und das implizite Gedächtnis.

Beim impliziten Gedächtnis wird der Inhalt nicht bewusst verarbeitet. Es ist deshalb auch schwierig, implizite Gedächtnisinhalte zu beschreiben, beziehungsweise diese Gedächtnisinhalte an andere Personen weiterzugeben. Die Inhalte dieser Gedächtnisform können nur durch ständige Übung verbessert werden. Viele motorische Bewegungsabläufe, zum Beispiel aus dem Sport, sind im impliziten Gedächtnis gespeichert. Das gilt auch für die Muttersprache – oder sind Sie in der Lage, alle grammatikalischen Regeln des Deutschen einer anderen Person mitzuteilen?

Beim expliziten Gedächtnis können wir ganz bewusst auf einzelne Inhalte zugreifen. Unser Schulwissen oder unser konkretes Wissen über unsere Umwelt ist explizit gespeichert. Das heißt, wir sind in der Lage, anderen Personen dieses Wissen in einfacher Weise mitzuteilen. Oftmaliges Üben ist nicht unbedingt notwendig – wichtiger ist vielmehr, dass man sich auf den zukünftigen Gedächtnisinhalt konzentriert. Für die Einspeicherung ins Gehirn sind einige spezielle Strukturen (Hippocampus, temporaler Schläfenlappen) notwendig.

Um dem Lernen auf die Schliche zu kommen, musste Eric Kandel zuerst einmal Mikroelektroden in die Neuronen bringen, im vorliegenden Fall in die Neuronen der *Aplysia*. Das ist nicht leicht. Wenn Sie finden, dass es echt schwierig ist, einen Zwirn durch ein Nadelöhr zu fädeln, dann lassen Sie besser die Finger von Mikroelektroden. Wenn man es endlich doch geschafft hat, ist es gefühlsmäßig höchste Zeit, eine Magnumflasche Champagner zu köpfen. Kann man gern machen, schmeckt gut, hebt die Stimmung und kann sozial gewinnbringend sein, nur übers Lernen weiß man dadurch noch nicht mehr. Weder durch die eingebrachte Mikroelektrode noch den eingebrachten Schaumwein.

Wie funktioniert also Lernen? Die Grundformen des Lernens sind Habituation, Sensitivierung und Konditionierung. Normalerweise gibt es eine eindeutige Reaktion mittlerer Stärke auf einen Reiz. Durch die Habituation (Abschwächung) kann die Reaktion abgeschwächt, durch die Sensitivierung (Verstärkung) die darauffolgende Reaktion verstärkt werden. Für viele Lebewesen ist es wichtig, einzelne Reize beurteilen zu können. Was ist gefährlich, was ist nützlich, was ist egal? Die Beurteilung bestimmt die Reaktion. Manchmal ändert sich im Laufe der Zeit die Beurteilung eines Reizes. Durch diese Lernform kann in geeigneter Weise auf eine veränderte Umwelt reagiert werden.

In vielen Gegenden werden beispielsweise jeden Samstag um zwölf Uhr mittags die Alarmsirenen getestet. Eine Person, die aus einem Kriegsgebiet geflüchtet ist und das zum ersten Mal erlebt, wird vielleicht mit Anspannung reagieren, weil sie mit dem Geräusch ein traumatisches Erlebnis verknüpft. Und wenn wenig später ein Knall ertönt, und sei es nur die Fehlzündung eines Verbrennungsmotors, dann wird ihre Reaktion möglicherweise heftiger sein als notwendig: Sie schreit, geht in Deckung, verfällt in Panik. Hier spricht man von Sensitivierung. Durch den Sirenenton wird ein unangenehmer Reiz ausgelöst – beziehungsweise vorbereitet. Erst wenn es dann etwas später knallt, setzt die volle Reaktion sehr heftig ein.

Wer hingegen schon seit Jahren in so einer Gegend wohnt, der ist durch die Sirene nicht mehr aus der Ruhe zu bringen und denkt sich höchstens: „Aha, schon zwölf Uhr". Das wäre eine Habituation. Wenn dabei aber auch sein Magen zu knurren beginnt, weil der Gastrointestinaltrakt ebenfalls weiß, dass es Samstag immer kurz nach zwölf Uhr Mittagessen gibt, hat eine Konditionierung stattgefunden. Dann kann es sein, dass der Magen später am Nachmittag, obwohl keine Mahlzeit bevorsteht, wieder zu knurren beginnt, wenn die Feuerwehrsirene wegen eines Notfalls außertourlich noch einmal losheult.*

Die samstägliche Sirenenprobe der *Aplysia* heißt Kiemenrückziehreflex. Wenn die *Aplysia* am Siphon gereizt wird, in unserem Fall durch ein leichtes Streicheln, zieht sie ihre Kiemen ein. Der Siphon ist die Austrittsöffnung am hinteren Ende der Schnecke. Der Kiemenrückziehreflex wird ausgelöst, um die Kiemen vor einem möglichen schädlichen Reiz zu schützen. Das macht die Schnecke ganz automatisch, ohne

* Das kennt man auch von den berühmten Hunden, mit denen Iwan Pawlow 1905 eingehend experimentiert hat.

lang zu fragen, wer warum streichelt und ob er sich davor die Hände gewaschen hat, es handelt sich um einen angeborenen Reflex. Reizt man aber den Siphon zehnmal jeweils mit rund 30 Sekunden Pause, dann verschwindet der Reflex für rund zwei bis drei Stunden. Die Schnecke hat gelernt, dass nichts Wichtiges passiert, wenn sie am Siphon gestreichelt wird. Wenn man mit dem Streicheln aufhört, kommt auch allmählich der Reflex wieder. Die *Aplysia* besitzt aber auch ein Langzeitgedächtnis. Der Kiemenrückziehreflex kann nämlich für bis zu drei Wochen ausgeschaltet werden, wenn man mit dem Streicheln einfach nicht aufhört. Das heißt dann Langzeithabituation.

Das Sensationelle dabei: Kandel konnte zeigen, dass sich dabei einzelne Synapsen zurückbilden. Tiere, die das Streicheln nicht mehr aus der Ruhe bringen konnte, wiesen 35 Prozent weniger Synapsen auf als nicht habituierte Tiere. Das Match Habituierte gegen Nichthabituierte endete mit 840 Synapsen zu 1.300 Synapsen für die Auswärtsmannschaft. Nur vier Trainingsdurchläufe mit je zehn Berührungsreizen verteilt über vier Tage führten zu tief greifenden morphologischen Veränderungen. Und wenn das große Streicheln zu Ende war, kehrten die zurückgebildeten Synapsen wieder, und alles war wie davor. Eric Kandel konnte den Lernerfolg im Gehirn der *Aplysia* an den Neuronen sehen und messen. Lernen bedeutet einen molekularen Umbau des Gehirns. Gedanken verändern also vielleicht nicht sofort die Welt, aber sie verändern das Gehirn. Schlicht, indem sie gedacht werden. Egal ob beim Seehasen oder beim Menschen. Gleichgültig, ob es sich um schlaue oder schlichte Gedanken handelt. Der Gedanke „In der String-Theorie gibt es elf Dimensionen" hinterlässt gleichermaßen Spuren im Gehirn wie „Öha, aus meiner Badehose schaut ein Ei heraus". Gedanken verändern den Denkenden. Das gezeigt zu haben war das große Verdienst von Eric Kandel, wofür er vollkommen zu Recht den Nobelpreis bekam. Er konnte Gedankenlesen durch Schneckenstreicheln.

Dass die Seehasenspezies weiß, dass sie Teil eines Nobelpreisprojekts war, ist sehr unwahrscheinlich, denn 20.000 Neuronen sind wirklich nicht viel. Gemeinsam auf den Erfolg anzustoßen war also leider nicht möglich. Manche Menschen behaupten zwar, dass die Natur, und damit auch der Seehase, sich mit der Zeit Sachen angewöhnt, die sie schon einmal gemacht hat und sich das meiste auch gemerkt hat. Und zwar aufgrund von Feldern, die die Entwicklung jeglicher Struktur weltweit verantworten sollen, und zwar, hört, hört, als formbildende Verursacher. Deshalb wäre ein Einser mit Sternchen für die Natur bei jeder Lernzielkontrolle ausgemachte Sache, weil die Erde nach rund 4,5 Milliarden Jahren einfach schon alles wüsste. Allerdings reichen vermutlich selbst 20.000 Neuronen, um solche Behauptungen als das zu erkennen, was sie sind, nämlich blasierter Unsinn.

Wer so etwas ernsthaft behauptet, ist entweder a) ein Wichtigtuer b) ein Einfaltspinsel oder c) ein Lügner. Die richtige Antwort erfahren Sie in Kapitel 2, wie gewohnt in Spiegelschrift.

KAPITEL II
TIERE

Einem alten Volksglauben zufolge können Tiere im Stall während der sogenannten Raunächte um Mitternacht die menschliche Sprache sprechen und die Zukunft vorhersagen. Als Raunächte werden, je nach Zählung, noch heute drei bis zwölf Nächte rund um die Weihnachtszeit veranschlagt.

Eine tierische Sneak Preview des kommenden Jahres klingt verlockend, aber die Sache hat einen Haken. Wer die Tiere im Stall belauscht, hat zwar einen enormen Wettbewerbsvorteil, aber leider nur sehr kurz, denn er muss daraufhin sofort sterben. Warum, ist nicht bekannt. Die Statuten lauten so. Wer nicht damit einverstanden ist, muss ja nicht unbedingt zwischen 21. Dezember und Dreikönig in den Stall gehen. Nur Sonntagskinder, die zwischen Mitternacht und ein Uhr nachts geboren wurden, können die Tierstimmen hören, ohne um ihr Leben bangen zu müssen. Dass es heute nur noch wenige Sonntagskinder in unseren Breiten gibt – durch die Arbeitszeitregelungen und den in Mode gekommenen Kaiserschnitt werden die meisten Kinder an Montagen und Dienstagen auf die Welt gebracht –, ist aber nicht der Grund, dass man kaum Sonntagskinder in Talkshows herumsitzen sieht, die behaupten, sie hätten die Tiere belauscht und würden daher die Zukunft kennen.

Es glauben einfach nur noch sehr wenige Menschen bei uns, dass sie sprechende Tiere antreffen, wenn sie zu Weihnachten in den Stall gehen. Zudem haben die meisten Menschen noch nie in ihrem Leben einen Stall von innen gesehen. Der Anteil der Bauern an der Gesamtbevölkerung beträgt in Mitteleuropa gerade noch rund fünf Prozent. Urlaub auf dem Bauernhof ist auch nicht gerade ein Massentourismusphänomen. Und nur wegen der paar Tage im Jahr einen Stall anschaffen, das macht niemand, dafür gibt es zu Weihnachten nicht einmal bei Tchibo ein Lockangebot. Wer jedoch glaubt, dass der einfältige Kinderglaube an übersinnlich begabte Tiere deshalb verschwunden ist, der täuscht sich. Er hat nur einen anderen Namen. Die Raunächte von seinerzeit heißen heute morphogenetische Felder.

Felder in der Physik sind sehr schwer zu verstehen und zu erklären. Nicht zuletzt deshalb wird mit ihnen genauso viel Schindluder getrieben wie mit Quanten oder Energie. Dabei kann mit Quantenmechanik auch ganz seriös bewiesen werden, dass es sich beim „Froschkönig“ keineswegs zwangsläufig um ein Märchen handelt. Es könnte sich genauso zugetragen haben mit dem Froschwurf. Doch davon später mehr. Wie schwierig es ist, den physikalischen Feldbegriff zu verstehen oder verständlich zu machen, können Sie ganz leicht selbst überprüfen. Bitten Sie einen Physiker oder eine Physikerin Ihres Vertrauens – wenn Sie so jemanden kennen, dann gehören Sie allerdings zu einer gesellschaftlichen Splittergruppe –, Ihnen zu erklären, was man in der Physik unter Feldern oder Feldstärke und dergleichen mehr versteht. Wenn es sich um eine schulische Fachkraft handelt, die das Konzept „Feld" selber nicht ganz verstanden und letztlich nur auswendig gelernt hat, um Kinder in der Schule damit zu quälen, so wird die Antwort eventuell beginnen mit „Das ist nicht ganz einfach, dafür muss man sich etwas Zeit nehmen". Dann folgt umgehend eine in 30 Sekunden erzählte Schnurre aus der Studienzeit, und das Thema ist vom Tisch. Wenn es sich um einen Kapazunder handelt, der das Konzept „Feld" verinnerlicht hat, wird die Antwort lauten: „Das ist ganz einfach." Und was dann folgt, wird Sie in die dunkelsten Stunden Ihres Physikunterrichtes zurückführen. Wenn Sie mir nicht glauben, lesen Sie selbst, was dabei herauskommt, wenn didaktische Zuchtbullen wie Heinz Oberhummer und Werner Gruber in die Eisen steigen, um der undankbaren Welt der Laien den Feldbegriff ans Herz zu schmiegen.

FACT BOX | *Felder*

Felder beschreiben zunächst die räumliche Verteilung einer physikalischen Größe.

Solche Felder sind jedoch zunächst nur mathematische Hilfsgrößen, die angeben, welche Werte eine physikalische Größe an verschiedenen Orten hat. Zum Beispiel, wie hoch die Temperatur der Luft an verschiedenen Stellen ist. Oder aber wie groß die Dichte an unterschiedlichen Orten irgendeines Körpers ist. Weil die Verteilung im Raum sich mit der Zeit verändern kann, sind Felder im Allgemeinen nicht nur raum-, sondern auch zeitabhängig. Physikalische Felder sind also Funktionen von Ort und Zeit.

Klassische Felder

Betrachten wir als Beispiel elektrische Kräfte, die über größere Distanzen wirken. Wie werden diese Kräfte übertragen? Früher ging man davon aus, dass der Raum von einem gasähnlichen Stoff, dem Äther, erfüllt ist. Dieser Äther sollte schwingen und dadurch die elektrische Kraft übertragen. Heute weiß man durch Experimente, dass man keinen Äther braucht und die Kraftübertragung durch Photonen erfolgt.

Wenn man etwas über die Wirkung der elektrischen Kräfte wissen will, ist das elektrische Feld ein gutes Modell. Jede elektrische Ladung umgibt sich mit einem elektrischen Feld. Wird eine andere elektrische Ladung in dieses Feld gebracht, so spürt sie eine Kraft. An jedem Punkt im Raum wird eine bestimmte Kraft auf einen geladenen Körper ausgeübt.

Die Gesamtheit aller Informationen darüber, welche Kraft auf ein geladenes Teilchen wo im Raum wirkt, wird durch das elektrische Feld beschrieben. Ein solcher Feldbegriff kann auch auf die magnetische Kraft oder die Schwerkraft angewendet werden. Diese Felder bezeichnet man als klassische Felder, um sie von den im Folgenden beschriebenen Quantenfeldern zu unterscheiden.

Quantenfelder

Es gibt noch eine grundlegendere Art von Feldern, die weit mehr als nur mathematische Hilfsgrößen sind oder zur Beschreibung von Kräften dienen. Quantenfelder existieren wirklich in unserem Universum: als Teilchen und Kräfte.

Mit ihrer Hilfe ist es der Teilchenphysik gelungen, ein wunderbares Modell der grundlegenden Bausteine und Kräfte des Universums zu schaffen, das Standardmodell. Dieses erklärt nicht nur, woraus die Welt besteht, sondern auch, was sie zusammenhält.

Dabei sind nur ganz wenige Teilchen von Bedeutung. Da gibt es zunächst Materieteilchen, wie die Quarks im Atomkern, und die Elektronen der Atomhülle. Aber auch die Kräfte in unserem Universum können durch den Austausch von Kräfteteilchen zwischen den Materieteilchen beschrieben werden.

Von diesen Kräften gibt es bloß vier: die elektromagnetische Kraft, die Gravitationskraft sowie die schwache und die starke Kernkraft. Durch die Quantenfelder und die dazugehörige Quantenfeldtheorie können die gesamte Materie und alle existierenden Kräfte im Kosmos beschrieben werden.

Sie sehen, da ist dem Schabernack natürlich Tür und Tor geöffnet. Der erfolgreichste Schabernack auf diesem Gebiet wird momentan vom britischen Biologen Rupert Sheldrake getrieben. Wobei er selbst das naturgemäß anders sieht. Er ist der Meinung, eine Zeitenwende in der Wissenschaft eingeläutet zu haben.

Mein Partner mit der kalten Schnauze

Eine seiner populärsten Arbeiten trägt den Titel *A Dog That Seems to Know When His Owner Is Coming Home: Videotaped Experiments and Observations*[3]. Das klingt wie der ironische Titel einer Kunstinstallation, die sich über die Überwachungsobsessionen mancher Zeitgenossen lustig macht, soll aber eine naturwissenschaftliche Arbeit sein. In ihr behauptet Sheldrake nicht weniger, als dass Hunde, im Einzelnen der britische Terriermischling Jaytee, durch telepathische Einflüsse vorhersehen oder spüren können, wenn ihr Besitzer sich von wo auch immer auf den Nachhauseweg macht, während sie ihn zu Hause erwarten. Und zwar aufgrund von sogenannten morphogenetischen Feldern, die energielos Informationen zwischen Hund und Herrchen transportieren. Würde das stimmen, hätte Sheldrake als erster Mensch die Existenz von Telepathie nachgewiesen, wenn auch nur im Tierversuch, und im selben Aufwasch auch gleich doggy-style ein paar Naturgesetze außer Kraft gesetzt, denn er hätte damit unter anderem das Perpetuum mobile erfunden, mit dem man alle Energieprobleme der Menschheit lösen könnte. Für derartige Bravourstücke gibt es in der westlichen Wertegemeinschaft als Belohnung einen prestigeträchtigen Hundekuchen: Er dürfte sich dafür auf einen bezahlten Ausflug nach Stockholm freuen, Dresscode Frack. Wahrscheinlich würde er nicht nur einen Nobelpreis bekommen, sondern gleich alle. Den für Physik sowieso, aber auch den für Chemie und Medizin, Literatur für die fantastische Erzählung, und wenn man vier Nobelpreise auf einmal nimmt, bekommt man den für Frieden kostenlos dazu, und ein Gratismesserset oben drauf.

Sie ahnen es, die Raunacht 2.0 von Rupert Sheldrake wird ihn nicht in eine Reihe mit Nils Bohr, Albert Einstein, Werner Heisenberg, Erwin Schrödinger oder Paul Dirac stellen. Das liegt aber nicht daran, dass seine Ideen auf den ersten Blick absurd und unglaublich klingen. Als Paul Dirac 1928 die Existenz von Antimaterie postulierte, schlug ihm auch keine Welle der ungebrochenen Herzlichkeit aus der Welt der Physik entgegen. Im Gegenteil. Aber er hatte recht und bekam dafür 1933 den Nobelpreis für Physik. Das wird Rupert Sheldrake und seinem vierbeinigen Studienkollegen Jaytee erspart bleiben. Aber warum bekommt so jemand dann trotzdem so viel Aufmerksamkeit? Das Besondere an Sheldrake ist sein Werdegang. Er ist nicht irgendein dahergelaufener Esoteriker, der zu faul ist für einen 40-Stunden-Job und sich deshalb mit fantasierten Energieströmen seinen Lebensunterhalt zu verdienen versucht. Bevor er Popstar in Esoterik für Abiturienten wurde, war er nämlich ein erstklassiger Wissenschaftler. Die Meldungen im Einzelnen:

Wir schreiben das Jahr 1981. Sheldrake stellt seine Theorie der morphogenetischen Felder auf, auch morphische Felder genannt. Er wird dadurch überregional bekannt. Unter morphogenetischen Feldern verstand und versteht Sheldrake hypothetische Felder, die für die „Formbildung" verantwortlich sein sollen. Was bedeutet das? Die morphogenetischen Felder sollen Informationen darüber vermitteln, wie sich geordnete Strukturen in Atomen, Molekülen, Kristallen, Zellen, Gewebe, Organen, Organismen, sozialen Gemeinschaften, Ökosystemen, Planetensystemen und Galaxien entwickeln. Nicht physikalische, chemische oder biologische Prozesse steuern die Strukturbildung, bestimmen also, wie Sie zu Hause die Klopapierrolle in die Halterung hängen oder warum Sie bei der Polonaise Blankenese immer wissen, wie schnell Sie laufen müssen, um dem Vordermann nicht auf die Fersen zu steigen. Nein, das erledigen geheimnisvolle, unsichtbare, energielose Felder in der Natur. Laut Sheldrake sind die Felder zudem kein Konzept, keine mathematische Konstruktion, sondern physikalisch real.

Wie kann man sich das vorstellen? Wie man möchte. Denn es gibt leider einen kleinen Schönheitsfehler: Da die Felder energielos sind, kann man ihre Wirkungen physikalisch weder beobachten noch nachweisen oder messen. Es handelt sich bei ihnen ergo um reine Behauptungen, für deren Richtigkeit es nicht den geringsten Beleg gibt. Wenn Sie sich also einbilden möchten, dass kommende Generationen das Schuhezubinden leichter lernen werden, weil Sie das mittlerweile wirklich schon sehr gut können und dadurch das Know-how über Felder weitergegeben wird, dann können Sie das natürlich machen, solange Sie niemandem wehtun dabei. Aber spätestens wenn Sie Ihren Kindern zuschauen, während sie sich plagen, es zu erlernen, sollten erste Zweifel an der These aufkommen.

FACT BOX | *Sheldrakes Belegexemplare*

Beispiel 1:

Das Aussehen von Lebewesen
Man weiß, dass die Erbsubstanz aka DNA in nahezu allen Zellen eines Organismus identisch ist. Wie kann aber dann ein Organismus entstehen, dessen Zellen verschiedenste Aufgaben haben?
Man muss erklären, wie Zellen mit identischer DNA sich differenzieren können. Wodurch sie also in der Lage sind, sich je nachdem, wo sie sich im Körper befinden, zum Beispiel zu Leber-, Haut- oder Blutzellen zu entwickeln.
Heute weiß man, dass es Signalmoleküle gibt, welche die Musterbildung während der Entwicklung von vielzelligen Lebewesen steuern.

Es ist also kein universelles hypothetisches Feld mehr notwendig, wie es Rupert Sheldrake postuliert, das Muster von Lebewesen auf andere überträgt.
Das Problem wurde von der deutschen Biologin Christiane Nüsslein-Volhard unter Mithilfe von Fruchtfliegen gelöst. Dafür bekam sie 1995 gemeinsam mit Eric F. Wieschaus und Edward B. Lewis den Nobelpreis für Physiologie oder Medizin.

Beispiel 2:

Kristallisation
Ein anderes Beweismittel kommt laut Rupert Sheldrake aus der Chemie, in der lange das „Lernverhalten" bei der Züchtung von Kristallen ungeklärt war. Wenn eine neue chemische Verbindung erstmals hergestellt wird, geht der Kristallisationsprozess langsam vonstatten; wenn andere Forscher das Experiment wiederholen, stellen sie fest, dass der Prozess schneller abläuft. Chemiker schreiben dies der gestiegenen Qualität späterer Experimente zu; die Fehler der früheren Versuche waren schon dokumentiert und wurden nicht erneut begangen.

Sheldrake hingegen glaubte, dass dies ein weiteres Beispiel für ein morphogenetisches Feld sei. Die Kristalle, die bei den ersten Versuchen gezüchtet worden waren, hätten schon ein Feld erschaffen, auf das die Kristalle der später durchgeführten Experimente angeblich zurückgreifen können.
Auch hier ist der Wunsch Vater des Gedankens: die Kristallisation hängt nicht von irgendwelchen Feldern, sondern im Wesentlichen von der Temperatur ab.

Doppelblindes Vertrauen

Sheldrake versucht etwas für Esoteriker Ungewöhnliches. Er behauptet nicht, seine Erfindungen könne man mit naturwissenschaftlichen Methoden nicht messen, sondern er sagt, dass er vielmehr genau das nicht nur versucht, sondern damit auch Erfolg hat.

Gut, sagen kann man alles, wenn der Tag lang ist. Kurioserweise ist aber ausgerechnet sein Scheitern ein Beweis für die Funktionstüchtigkeit der naturwissenschaftlichen Methodik. Warum? Wie funktioniert dieses System „Wissenschaft" und warum verweigert es „Erneuerern" wie Sheldrake die Anerkennung?

Am Anfang steht in der Naturwissenschaft oft, so auch bei Sheldrake, eine Behauptung, eine Idee. Die wird überprüft, dann aber scheiden sich die Wege. Wenn in der Naturwissenschaft eine Behauptung einer Überprüfung nicht standhält, und die Kriterien dafür sind genau definiert und werden streng geprüft, dann wird sie verworfen und nicht durch andere, ebenso untaugliche Behauptungen bestärkt oder gar zum Dogma erhoben. Ein gutes Beispiel dafür sind die Neutrinos. 2011 machten sie kurz Karriere als überlichtschnelle Elementarteilchen. Nach der sensationellen Veröffentlichung ihrer Höchstgeschwindigkeitsübertretung wurde weltweit an mehreren Forschungseinrichtungen überprüft, ob das stimmen könne. Und nachdem sich herausgestellt hat, dass es sich um einen Messfehler aufgrund eines losen Kabels gehandelt hatte, wurde die Messung von den überlichtschnellen Neutrinos schmucklos und sofort in den Mistkübel der wissenschaftlichen Irrtümer entsorgt. Hypothese abgelaufen, Ware nicht in Ordnung. Diese Überprüfungen sind genau und anonymisiert, damit möglichst wenig Fehler passieren. Wenn eine Behauptung allerdings der Überprüfung im Experiment und später im Peer Review standgehalten hat, dann gilt sie als akzeptiert und wird zunächst ernst genommen. Vorher nicht. Und auch nachher nur bis auf Weiteres.

Diese Methode, und nicht die Arbeit einzelner Genies, macht den großen Erfolg der Naturwissenschaften aus. Deshalb funktionieren Satelliten, Intensivstationen in Krankenhäusern, Spielkonsolen und Online-Kirchenaustritte. Und vieles mehr, was unser modernes Leben um so vieles leichter macht als das voriger Generationen. Weshalb wir deren Wissen oft gar nicht so dringend brauchen. Das vergessene, alte Wissen ist nämlich sehr oft weder alt noch vergessen. Sondern es ist entweder eine Erfindung jüngeren Datums, wie viele Behauptungen rund um den Einfluss des Mondes auf die Abläufe unseres Lebens oder die Telepathie, die es erst genauso lange gibt wie Telefone. Oder es war nutzloses oder gefährliches „Wissen", dann ist es aufgrund der naturwissenschaftlichen Methode untergegangen. Komplizierter ist das nicht. Wer mehr hineingeheimnissen möchte, der kennt sich entweder nicht gut genug mit Naturwissenschaft aus oder verfolgt andere, oft nicht ganz lautere Absichten. Wichtigtuerei, Geschäftemacherei, Herstellung von Hierarchien – die Grundlage der esoterischen Geschäftswelt. Die Antwort auf die Frage vom Ende des ersten Kapitels lautet somit:

Nicht selten alle drei

Auch wenn der britische Terriermischling Jaytee, wie viele andere Hunde auch, vermutlich einfach nur zutraulich ist, gern mit dem Schwanz wedelt und erbärmlich stinkt, wenn er nass wird, ist es nicht ganz falsch, dass manche Tiere Ereignisse früher spüren, von ihnen früher wissen als wir. Das gibt es, für die Erklärung braucht man allerdings keine morphogenetischen Felder und telepathischen Fähigkeiten, es geht auch anders und einfacher und ist deshalb nicht weniger faszinierend.

Töröööö!

Als am 26. Dezember 2004 nach einem Seebeben im Indischen Ozean ein Tsunami die Küstengegenden rundherum verheerte und über 200.000 Menschenleben forderte, haben manche Menschen deshalb überlebt, weil sie von Tieren rechtzeitig gewarnt wurden.

Lange bevor die tödliche Flutwelle eintraf, wurden etwa Elefanten unruhig und rissen sich schließlich mit aller Vehemenz los, um landeinwärts Hügel zu erklimmen, auf Erhöhungen zu fliehen. Menschen, die ihnen gefolgt sind, können heute gerade deshalb davon erzählen. Woher haben die Elefanten das gewusst? Hat es ihnen das Universum erklärt? Können sie alte Informationsquellen anzapfen, deren Zugang uns Menschen im Laufe der Evolution verloren gegangen ist? Die Erklärung ist, wie so oft, relativ simpel und lautet: Der Infraschall hat es ihnen gesagt.

Hörbarer Schall, das ist das, was wir Menschen hören können, findet zwischen 16 Hertz (Schwingungen pro Sekunde) und 16 Kilohertz statt. Ultraschall, den unter anderem Hunde vernehmen können und mit dem Fledermäuse arbeiten, liegt zwischen 16 Kilohertz und zehn Megahertz. Infraschall, wie der Name schon sagt, reiht sich in der Skala unten ein und schallt mit einer Frequenz unter 16 Hertz. Das heißt, Teilchen werden mit unter 16 Hertz zur Schwingung angeregt. Besonders gut breitet sich Infraschall in Flüssigkeiten aus. Hier verhält er sich wie in einem Gas, mit dem wesentlichen Unterschied, dass sich Gase komprimieren lassen, Flüssigkeiten jedoch nicht, wodurch die Schallweiterleitung in Flüssigkeiten viel effektiver ist. Ohne Dämpfung wird der Schall im Wasser von einem Molekül zum anderen weitergegeben. Dass Menschen unter der Dusche besonders gern und laut singen, hat aber andere Gründe.

Blauwale arbeiten mit Infraschall, Giraffen, Spinnen und eben Elefanten. Hören können Elefanten Infraschall vermutlich auch nicht besonders gut, aber sie können die damit einhergehenden Vibrationen fühlen. Die verwenden sie nämlich als Kommunikationsmittel, indem sie auf den Boden stampfen, was andere, weiter entfernte Elefanten „hören" können, besser gesagt mit den Füßen ertasten. Quasi eine sehr rohe Form des Tastentelefons. Ein Seebeben der Stärke 9,1 ist nun eine gewaltige Vibration. Die können Elefanten über sehr weite Strecken „hören" und denken sich dann sinngemäß: „Wenn was so arg vibriert, dann schaue ich mir das lieber aus der Ferne an." Aber auch auf dem Gebiet kämpfen manche Tiere mit der Keule und manche mit dem Florett. Die vor allem in Südamerika heimische Jagdspinne Cupiennius salei hat ein derart empfindliches Tastsystem entwickelt, dass bereits eine Veränderung des Untergrunds um nur 4,5 Nanometer genügt, damit sie ertasten kann, ob sich ein Beutetier in der Nähe befindet. Wenn Sie als Mensch nur ruhig stehen, bewegt sich der Boden in Ihrer Umgebung schon um mehr als 4,5 Nanometer. Wenn Sie dabei husten, glaubt die Spinne, die Welt geht unter. 4,5 Nanometer sind wirklich sehr, sehr kurz. Selbst wenn Sie sich das vorstellen wollten, Sie würden es nicht schaffen. Menschen können das gerade einmal messen, haben aber beim Ertasten keine Chance. Derartige Phänomene waren in früheren Jahrhunderten unerklärlich, weshalb Menschen Tieren gerne übersinnliche Fertigkeiten angedichtet haben. Nicht immer zu deren Vorteil. Manchmal wurden Tiere deshalb nämlich auch angeklagt und vor Gericht gestellt.

The People of Lausanne vs. Melolontha

Einer der vermutlich kuriosesten Prozesse gegen Tiere hat, wie Georg Christoph Lichtenberg berichtete, 1478/79 in Lausanne stattgefunden, und auf der Anklagebank saßen Maikäfer. Und zwar Maikäferengerlinge. Was hatten sie sich zuschulden kommen lassen? Sie hatten sich in der Öffentlichkeit wie Maikäferengerlinge verhalten, das heißt wie Schädlinge am menschlichen Erntegut. Das klingt absurd, und das fanden auch schon damals einige Zeitgenossen übertrieben. Natürlich hat es auch vor Hunderten von Jahren schon jede Menge Menschen gegeben, die alle Tassen im Schrank hatten. Nichtsdestoweniger saßen einige Kleriker und Juristen über die Käfer zu Gericht, als ob es sich um vollwertige Rechtspersonen handelte.

Die Maikäfer von Lausanne wurden übrigens ganz offiziell zur Verhandlung vorgeladen, indem man ihnen an den Orten ihres Wirkens Mahnschreiben und Vorladungsbriefe verlas. Es ging also ein vom Gericht Befugter auf einen Acker und las den Käfern vor, was ihnen zur Last gelegt wurde. Und zwar in der Regel erst, nachdem erwachsene Menschen eine Zeit lang über die Rechtmäßigkeit der Klage nach eingehender Beweisaufnahme befunden hatten. „Dieser ersten Gerichtsphase folgte meist das mit einem zeitlichen Ultimatum verbundene Verbannungsurteil, das bei Nichtbefolgung – also im Normalfall – mitunter zur Malediktion und/oder rituellen Hinrichtung einiger Exemplare der verurteilten Insektenart, zu Bannfluch und der Besprengung der Felder mit Weihwasser führte. Den Tieren wurde freies Geleit angeboten, falls sie sich an die Richtlinien der Verbannung an einen vom Gericht bestimmten Ort (ins Meer, auf entlegene Inseln oder einen Freibezirk innerhalb der Gemeinde) binnen einer bestimmten Frist halten würden. Für schwangere Mäuseweibchen galten mitunter Sonderregelungen (sind eigentlich verlängerte Abzugsfristen), ein Verteidiger machte sogar die Minderjährigkeitsklausel für seine kurzlebigen Klienten (Käfer) geltend. Die komplizierten und grotesken Verhandlungen führten zur Verschleppung dieser Prozesse, deren Anlass (also Schädlingsbefall) im Verlauf der oft halb- oder ganzjährigen Verfahren aus natürlichen Gründen verschwand und dennoch als publikumswirksamer Erfolg des Gerichts verbucht werden konnte. Die Befürworter dieser Prozesse berufen sich daher regelmäßig auf erfolgreiche Präzedenzfälle."[4]

Ein klassischer Fall von Synchronizität, wenn Sie sich an Seite 51 zurückerinnern. Es werden Ursachen und Wirkungen miteinander verknüpft, die nichts miteinander zu tun haben. Einer der heute populärsten Fälle von Synchronizität ist übrigens die homöopathische Erstverschlimmerung. Es wird behauptet, eine Erkrankung würde kurz schlimmer, weil sie sich im Kampf mit der homöopathischen Medizin ein letztes Mal kurz aufbäumt. Das ist aber Unfug. Homöopathie hat mit Medizin nichts zu tun. Wenn es zu einer Verschlimmerung kommt, dann deshalb, weil die Erkrankung homöopathisch behandelt wurde, also gar nicht. Die sogenannte Erstverschlimmerung ist also nicht die Folge der heilenden Wirkung der Arznei, sondern Folge der unterlassenen medizinischen Behandlung.

Zurück zu den Engerlingen. Natürlich war damals genauso wie heute bekannt, dass Maikäfer keine asozialen, berechnenden Hooligans sind, sondern instinktgetriebene Tiere. Aber man vermutete, ähnlich wie bei den damals gleichfalls üblichen Hexenprozessen, dass Teufel und Dämonen in die Schadinsekten eingefahren waren. Und damit waren sie auf einmal satisfaktionsfähig. Heute werden Maikäfer nicht mehr angeklagt, aber auf dem Gebiet der Teufelsaustreibung hat sich bei der katholischen Geistlichkeit leider nicht viel getan. Noch heute werden Kinder in der Kirche nicht nur deshalb getauft, weil man aus diesem Anlass ein nettes Familienfest arrangieren und den Nachwuchs kostenpflichtig der Verwandtschaft vorstellen kann, sondern auch um den Babys die Erbsünde auszutreiben (die haben sie sich ohne eigenes Zutun deshalb zugezogen, weil vor vielen Hundert Jahren ein Augustinus von Hippo in einem religiösen Gezänk der Bestimmer bleiben wollte und die Erbsündenlehre formuliert hat, an die manche Baby-Eltern heute noch immer glauben). Die Erzdiözese Wien hält sich, wie viele andere Bistümer, noch zum Zeitpunkt der Entstehung dieses Buches, also im Jahre 2012, einen eigenen Exorzisten. Der ist tatsächlich der Meinung, er könne nicht nur erkennen, wenn der Teufel in einen Menschen eingefahren ist, sondern ihm danach auch noch befehlen, diesen wieder zu verlassen. Und darunter zu leiden haben damals wie heute Unschuldige. Manchmal reichen auch über 500 Jahre nicht aus, um kompletten Unsinn aus der Welt verschwinden zu lassen.

Besonders schwer wog für die Maikäfer von Lausanne die Beschuldigung, dass sie angeblich nicht auf der Arche Noah dabei waren. Woher man das wusste, geht aus den Akten nicht hervor, und die Quelle selbst ist nicht besonders zuverlässig. Denn laut dem ersten Buch Mose, der Genesis, stand auf der Passagierliste der weltberühmten Arche: „Von allem, was lebt, von allen Wesen aus Fleisch, führe je zwei in die Arche, damit sie mit dir am Leben bleiben; je ein Männchen und ein Weibchen sollen es sein." Das zeugt von einem sehr traditionellen Familienbegriff und wenig biologischer Sachkenntnis. Beispielsweise gibt es bei Schnecken sehr viele Hermaphroditen, da hat man mit einer einzigen der Schrift eigentlich schon Genüge getan, braucht aber trotzdem zwei für die Fortpflanzung. Noch komplizierter wird es bei Clownfischen. Die leben in Gruppen zusammen, je ein Weibchen und ein Haufen Männchen. Das Weibchen ist immer am größten und dominant und paart sich mit dem stärksten Männchen. Wenn aber das Weibchen stirbt, ändert das stärkste

Männchen sein Geschlecht und wird zum Weibchen, und ein ursprünglich schwächeres Männchen rückt nach. Das heißt, wenn ein Clownfisch früh ins Heim kommt oder adoptiert wird, und er sucht später seine Eltern, dann kann es sein, dass sein Vater mittlerweile seine Mutter ist. Wäre interessant zu wissen, ob das aktive, starke Männchen ein Bewusstsein hat, ob es weiß, was passiert, wenn das Weibchen stirbt. Dann könnte es nämlich sein, dass es ihm bei Mondenschein was Nettes sagt wie: „Ich wünsche mir, dass wir für immer zusammenbleiben!" In Wirklichkeit denkt es aber: „Hoffentlich kratzt sie nicht vor mir ab, sonst muss ich es im Alter mit einem der anderen Typen treiben." Das ist übrigens auch für Menschenmännchen eine ganz reale Option, wie wir später noch beim Studium der Klosterstudien (Seite 149) sehen werden.

Darüber hinaus klingt „zwei von jeder Art" zwar wie eine präzise Anweisung, ist aber leichter gesagt als getan. Denn nach aktuellen Schätzungen gibt es auf der Erde etwa zehn Millionen Arten. Und das ist sehr konservativ geschätzt. Selbst wenn die „Wesen aus Fleisch" wirklich alle von selber zur Arche gekommen und wie ein geölter Blitz eingestiegen sein sollten, sagen wir fünf Sekunden pro Tierpaar, was wirklich äußerst knapp bemessen ist, dann kann man sich ausrechnen, dass die Beladung der Arche mehr als 578 Tage in Anspruch genommen hat. Ohne Mittagspause. Angeblich hatten Noah und seine Frau aber nur sieben Tage Zeit, um die wertvolle Fracht an Bord zu bringen vor dem großen Wetterumschwung. Und Noah war zum Zeitpunkt der Zwangsumsiedlung durch seinen Herrn schon 600 Jahre alt, also nicht mehr der Jüngste. Ungeachtet dessen hat ihm sein Schöpfer, vermutlich aus reinem Übermut und Egoismus, das Pensionsalter noch einmal angehoben. Wer die Bibel wörtlich nehmen will, was viele Kreationisten tun, darf sich mit Kleinigkeiten also nicht lange aufhalten. Trotzdem hat man in Lausanne gewusst, dass die Maikäfer nicht an Bord der Arche waren, und sie damit kriminalisiert.

Heute sind Maikäfer bei uns selten, und wenn sie doch wieder einmal in größerer Zahl auftauchen, dann werden sie mit Insektiziden gefügig gemacht. Obwohl sie auch eine hervorragende Suppe abgäben, wie gesagt wird.

Maikäfersuppenrezept nach Johann Joseph Schneider von 1844

Maikäfersuppen, ein vortreffliches und kräftiges Nahrungsmittel.

Man sollte nicht glauben, dass der gemeine Maikäfer (MELOLONTHA VULGARIS FABR. SCARABAEUS MELOLONTHA LINN.), welcher oft, namentlich wieder in diesem Jahre, eine verderbliche Landplage ist, und Alles verheert, eine so gute Suppe liefern könnte wie solche wirklich von ihm gewonnen hier von Vielen bereitet und mit Vergnügen gegessen wird.
[…]
Die Maikäfersuppe wird bereitet, wie jene der Krebse. Die Käfer, von welchen man 30 Stück auf eine Person rechnet, werden, so wie sie gefangen sind, gewaschen, dann ganz in einem Mörser gestossen, in heisser Butter hart geröstet und in Fleischbrühe aufgekocht fein durchgeseiht und über geröstete Semmelabschnitte angerichtet. Ist die Bouillon auch schlecht, so wird sie doch durch die Kraft der Maikäfer vorzüglich, und eine Maikäfersuppe, gut bereitet, ist schmackhafter, besser und kräftiger, als eine Krebssuppe; ihr Geruch ist angenehm, ihre Farbe ist bräunlich, wie die der Maikäferflügel. Nur Vorurtheil konnte dieses feine und treffliche Nahrungsmittel, namentlich für sehr entkräftete Kranke, diesen entziehen, und ist das Vorurtheil dagegen einmal besiegt, so wäre diese Suppe eine gute Acquisition für Hospitäler und Kasernen, wo sie auch ohne Bouillon, mit Wasser bereitet, herrliche Dienste thun wird, und ich sehe gar nicht ein, warum man die Maikäfer bisher so verachtet hat und noch verachtet. Sehen sie ekelhafter aus, als die Schildkröten, aus welchen die so berühmten und theuren Kraftsuppen bereitet werden? Alle Gäste, welche bei mir, ohne es zu wissen und

ohne es zu erfahren, Maikäfersuppen genossen haben, verlangten doppelte, ja dreifache Portionen! – Will man täuschen, so thut man zu benannter Käfersuppe einige Krebse, ihre Farbe wird dann roth, und die Suppe passirt für die vorzüglichste Krebssuppe, besonders wenn sich in derselben noch einige Krebsschwänzchen vorfinden. Zu bemerken ist noch, dass, da die Käfer, wie sie sind, genommen werden, man jene nicht so lieb hat, welche das Laub von Eichbäumen gefressen haben, weil sie einen adstringirenden Beigeschmack geben; auch müssen sie lebend und frisch vom Baume hinweggenommen werden. Wer in diesen Suppen ein Stimulans sucht, der irrt sich sehr; sie sind blos ein herrliches Nahrungsmittel. Der Hirschkäfer Schröter Hornschröter (LUCANUS CERVUS LINN.) soll zu solchen und noch kräftigeren Suppen, als der Maikäfer, dienen; ich habe damit bis jetzt aber noch keinen Versuch gemacht.

Dr. Schneider

Das kalte Herz der Schildkröten

Viel intensiver als am Rezept der Maikäfersuppe haben sich Menschen in den vergangenen Jahrhunderten bemüht, das der Schildkrötensuppe zu verfeinern. Was sie dabei übersehen haben, war der, leider unsichtbare, Warnhinweis auf den Schildkröten: solange der Vorrat reicht. Deshalb ist die Suppenschildkröte heute Stammgast der Roten Liste der vom Aussterben bedrohten Tiere und vielleicht genau aus diesem Grund auf ihre Umwelt nicht besonders gut zu sprechen. Zumindest hat es den Anschein. Denn von Schildkröten brauchen Sie sich keine Hilfe zu erwarten. Das weiß man heute. Wenn Sie die Notfallnummer 112 rufen, dann kommt sicher kein Schildkrötensanitäter mit der Ambulanz. Nicht einmal, wenn Sie selber eine Schildkröte sind. Mit Zusatzversicherung. Das weiß man, weil Schildkröten nicht mitgähnen. Weder mit Menschen noch mit anderen Tieren, auch nicht mit

Artgenossen. Allein gähnen können sie, das bringen sie handwerklich ohne Weiteres zustande, allerdings ohne Handvorhalten. Falls Sie also davon ausgehen, dass Benimm und Hilfsbereitschaft gerne Hand in Hand gehen, dann werden Sie sich von Schildkröten zurecht, aber aus falschen Gründen nicht viel erwarten. Woran liegt das? Vermutlich an den Spiegelneuronen.

Spiegelneuronen sind, wie der Name schon sagt, Neuronen. Neuronen sind die Nervenzellen, die für die Verarbeitung von Informationen im Gehirn zuständig sind. Sind sie genug erregt, dann feuern sie, so nennt das die Fachwelt, und dann wird ein elektrisches Signal weitergeleitet. Wenn Sie einmal auf einer Cocktailparty in einen Small Talk mit einem Neuron geraten: Das macht es beruflich, da brauchen Sie nicht zu fragen. Das wissen wir. Interessant wäre, welche Hobbys es hat. Wenn Sie das bitte fragen könnten.

Spiegelneuronen unterscheiden sich zunächst einmal nicht grundsätzlich von den ganz normalen Neuronen. Ein bisschen wie Beamte, die wie normale Menschen aussehen, aber im Bundesnachrichtendienst arbeiten. So arbeiten die Spiegelneuronen nur für das Spiegelneuronensystem. Sie könnten auch jeden anderen Neuronenjob, aber als gute Christen funktionieren sie dort, wo sie ihr Herrgott hingesetzt hat. Wie atheistische Spiegelneuronen sich ihre Geworfenheit erklären, ist momentan Gegenstand intensiver Forschung.

Eigentlich war man in der Welt der Neurowissenschaft der Meinung, das menschliche Gehirn weitgehend genau kartografiert zu haben. Das Gehirn besteht aus vier Teilen: Großhirn, Kleinhirn, Zwischenhirn und Hirnstamm. Der größte

Teil, das Großhirn, besteht aus Neuronen und den Verbindungen zu anderen Neuronen, angeordnet in sechs Schichten. Das müssen Sie sich nicht merken, aber es schadet auch nicht, wenn Sie es wieder einmal gehört haben.

Deshalb war das Hallo auch entsprechend groß, als man in den 90er-Jahren des letzten Jahrhunderts auf einmal ein neues System im Gehirn entdeckte, eben das Spiegelneuronensystem. Was machen diese Spiegelneuronen?

FACT BOX | *Spiegelneuronen*

Das Gehirn besteht aus Neuronen. Es gibt rund 127 verschiedene Arten von Neuronen, trotzdem gibt es nur zwei wesentliche Arten unter ihnen: erregende und hemmende. Ansonsten unterscheiden sich die Neuronen im Aufbau. Ein durchschnittliches Neuron kann von rund 8.000 Neuronen Signale empfangen. Es gibt aber auch andere Neuronen, wie zum Beispiel die Purkinje-Zellen, die von über 25.000 anderen Neuronen Signale empfangen können.

Wie das gesamte Gehirn besteht auch die Großhirnrinde aus Neuronen. Diese sind in sechs Schichten angeordnet. In der Regel ist die Rinde rund zwei Millimeter stark, in einem Bereich aber, der für das Sehen zuständig ist, umfasst sie ganze sechs Millimeter. Der Neurologe Korbinian Brodmann stellte fest, dass die Großhirnrinde nicht nur in der Stärke variiert, sondern auch ihre sechs Schichten in unterschiedlicher Dicke und Vernetztheit auftreten. Es gibt Bereiche, in denen zum Beispiel die Schicht 3 fast fehlt, während in einem anderen Bereich die Neuronen der Schicht 3 besonders stark vernetzt sind. Brodmann machte schließlich 52 verschiedene Areale auf der Großhirnrinde aus.

Er konnte diesen Arealen leider noch keine Funktion zuweisen. Erst später zeigten andere Neurowissenschaftler, dass jedes einzelne Areal unterschiedliche Aufgaben übernimmt. In der rechten Darstellung zum Beispiel sind das Areal 17 für das Sehen und die Areale 1, 2 und 3 für das Tasten zuständig. Heute hat man diese Bereiche mit viel feineren Methoden noch weiter unterteilt. Das Problem, das wir nun haben, besteht darin, zu erkennen, wo ein Gebiet aufhört und ein anderes beginnt. Das ist teilweise sehr subjektiv. Allein beim primären und sekundären Seh-Areal unterscheidet man mittlerweile rund 30 Areale.

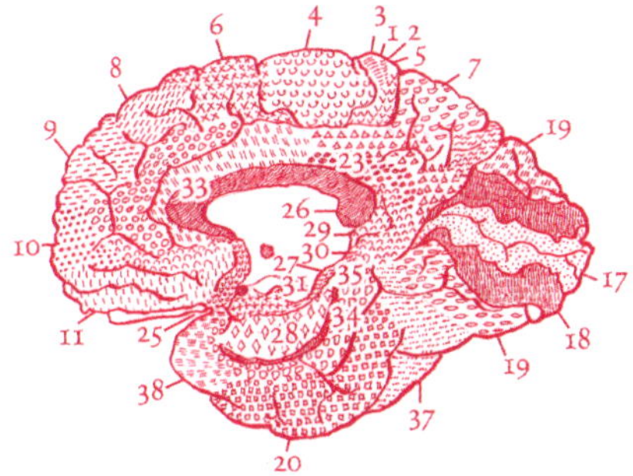

Die Großhirnrinde in der Mitte des Gehirns

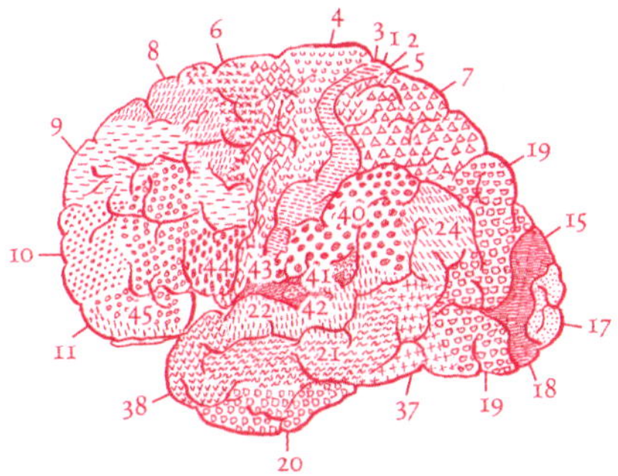

Die Großhirnrinde von außen. Der linke Bereich ist unter der Stirn, der rechte Bereich ist hinten. Das Spiegelneuronensystem befindet sich bei 44.

Spannend wurde es, als man ein neues System entdeckte. Man glaubte, alle Systeme schon erkannt zu haben aufgrund der unterschiedlichen Areale. Es gibt etwa das motorische, das Seh-, das Hör-, das limbische und das Tastsystem. Das Spiegelneuronensystem war daher bei seiner Entdeckung ein ziemlicher Aufreger und ist es immer noch. Spiegelneuronen sehen zwar genauso aus wie die anderen Neuronen. Allerdings haben sie eine ganz bestimmte Aufgabe. Wie sich die Neuronen im Sehsystem nur mit dem Sehen beschäftigen, ermöglichen sie es, uns in andere hineinzuversetzen und mitzufühlen. Verantwortlich sind sie aber auch für das Gegenteil. Daran, dass wir Spinnen nicht süß finden, sind zum Beispiel ebenfalls die Spiegelneuronen schuld. Dieses System befindet sich im Bereich der Motorik.

Spiegelneuronen spiegeln in unserem Gehirn also das Verhalten anderer. Wenn Ihr Gegenüber den Arm hebt und sich hinter dem Ohr kratzt, und Sie beobachten das, dann machen Sie mit Ihren Spiegelneuronen gedanklich diese Bewegung auch. Es muss aber eine für Sie sinnvolle Bewegung sein. Wenn Ihr Gegenüber sich die Hoden einrichtet, und Sie sind eine Frau, dann können Sie gelassen bleiben. Zumindest vom Standpunkt der Spiegelneuronen her.

Nicht nur wir Menschen, auch viele Tiere besitzen ein Spiegelneuronensystem. Hunde beispielsweise, die beliebtesten Haustiere der Menschen, denen manche von uns ohne Weiteres die Gedankenleserei unterjubeln, wie wir gesehen haben. Hunde sind zwar nicht besonders schlau, und man hat es mit äußerst durchschaubaren, käuflichen und charakterlosen Kreaturen zu tun. Wer ihnen Futter gibt, den achten und lieben sie, und wenn der Futtergeber wechselt, dann geben die meisten Tiere ihre anfängliche Loyalität auf.

Aber Hunde besitzen ein Spiegelneuronensystem, und das kann sehr praktisch für ihre Herrchen sein, wenn sie einmal am Heimweg betrunken in den Straßengraben stürzen oder im Ohrensessel mit der Zigarette in der Hand einschlafen. Dann sorgt der Hund möglicherweise dafür, dass sie ihren Platz im Einwohnermelderegister behalten. Wahrscheinlich sind Hunde aber nicht wegen der Spiegelneuronen so hoch gestiegen in der Beliebtheitsskala der Menschen, sondern weil man sie nicht nur gut streicheln, sondern bei Bedarf auch gut essen kann. Das passiert heute nicht mehr so häufig bei uns, aber aus der Frühzeit der Mensch-Hund-Beziehung wird gerne verschwiegen, dass der Hund nicht nur ein guter Wächter und Jagdgefährte war, sondern auch eine gern genommene Nahrungsergänzung. Wobei Hunde erst relativ spät auf den Speisezettel der Menschen gelangten.

Beim Kick-off der Menschheit vor circa zweieinhalb Millionen Jahren war an gegarten Hund an Bärlauchschaumhäubchen mit Weinbegleitung noch nicht zu denken, da gab es jeden Tag kalt. Was hat man zu Beginn der Menschheitsgeschichte gegessen? Was war eigentlich das Jüngste Gericht der Menschheit, wenn man so will? Bevor Menschen Mikrowellen-Pommes-frites, Blähbauch-Joghurts und Vitamintabletten als Nahrungsmittel zu akzeptieren gelernt haben, haben sie sich von Aas, Wurzeln und Maden ernährt. Schwer zu sagen, was besser ist. Auch der direkte Vergleich macht nicht sofort sicher. Aas gab es ursprünglich, weil wir Menschen noch schlecht in der Jagd waren und warten mussten, bis die Raubtiere und Aasgeier mit dem Mittagstisch fertig waren. Wurzeln wie Karotten gab es, weil die nicht geflohen sind und leicht zu erwischen waren. Und Maden, weil sie viel Protein enthalten, gut schmecken und antibiotisch wirken. Proteine waren wesentlich dafür verantwortlich, dass sich unser Gehirn in den letzten Jahrtausenden so prächtig entwickelt hat, aber bevor wir Menschen Jagdwerkzeuge herstellen und benutzen lernten, waren sie nicht so einfach zu bekommen. Deshalb waren lange Zeit Maden die hauptsächlichen Proteinlieferanten.

Das wollen sich heute viele Menschen nicht mehr so gerne vorstellen, Maden gelten als Außendienstmitarbeiter der Verwesung. In Wirklichkeit schmecken Maden nicht nur ansprechend, leicht nussig, sondern sind auch besonders reinlich.

Das ist notwendig, denn wenn sich eine Made verpuppt, um sich beruflich zum Schmetterling oder zur Fliege zu verändern, dann dürfen keine Bakterien im Kokon sein, sonst gelingt die Metamorphose nicht. Deshalb haben Maden auch leicht antibiotische Wirkung. Wenn eine Wunde eitert und sich keine Apotheke in Reichweite befindet, dann ein paar Maden zerquetschen und als Wundauflage verwenden. Oder schimmliges Brot. Das ginge zur Not auch. Das wusste man schon im Alten Ägypten: dass Schimmelpilze Bakterien besiegen können. Antibiotika im großen Stil wurden daraus erst im 20. Jahrhundert.

Als Entdecker des Penicillins wird gemeinhin Alexander Fleming geführt. Das ist zwar nicht ganz korrekt, aber erst mit Penicillin begann der Siegeszug der Antibiotika in der Medizin. Entdeckt hat Alexander Fleming das Penicillin dem Vernehmen nach zufällig. Die Legende, die werkseitig mitgeliefert wird, lautet: Eines Tages musste Alexander Fleming in Urlaub fahren, seine Frau bestand darauf. Vor der Abreise kam er nicht mehr dazu, sein Labor ordentlich zusammenzuräumen, und ließ ein paar Bakterienkulturen stehen. Nach seiner Rückkehr hatten manche Kulturen überlebt, andere waren aber durch den Penicillin-Pilz zerstört. Das war eine Überraschung.

Wer jetzt aber sagt: Typisch altes Wissen, alte Naturvölker, die im Einklang mit dem Universum lebten, haben dieses Wissen längst besessen, wir haben es durch die Abwendung vom Natürlichen nur wieder verloren, der irrt. Oder hat keine Ahnung, wie Wissenschaft funktioniert. Denn sehen, dass ein paar Bakterienkulturen sich anders entwickelt haben als andere, und daraus die richtigen Schlüsse ziehen, sind zwei verschiedene Paar Schuhe. Und schon in der Antike waren nicht die esoterischen Einfaltspinsel für Wissen und Fortschritt zuständig. Dafür muss man nämlich methodisch arbeiten können und nicht nur etwas glauben wollen. Das hat sich bis heute nicht grundlegend geändert.

Jüngstes Gericht 2.0

1) Gruß aus der Küche

Rohe Karotten
oder
1 Blatt Papier
1 Bleistift

Waschen, schälen und essen. Ob in der äußersten Schicht besonders wertvolle Vitamine sind oder nicht, ist egal, weil die Zellwände so fest sind, dass die Karotte den Verdauungstrakt bereits wieder verlassen hat, bevor der Körper ihr irgendwelche Nährstoffe entlocken konnte. Wer also auf ein Blatt Papier das Wort Karotte schreibt und es isst, erzielt denselben Nährwert.

2) Hauptgang

a) Für Fleischtiger

Maden blanca, für 4 Personen
150 g Maden, bekommt man in der Tierhandlung, am besten von den Sägespänen befreien, im Kühlschrank kurz kühlen – bewegen sich dann nicht mehr so schnell.

4 EL Sonnenblumenöl
1 kleine Schalotte
1/8 l Schlagobers/Sahne
1/8 l Hühnerfond
1 Bund Petersilie, klein gehackt
1 EL gesalzene Erdnüsse
Mandelblätter
500 g Fusilli

Die Zwiebeln klein schneiden und im Öl goldgelb anbraten. Die Maden dazugeben und kräftig anrösten. Mit Fond aufgießen und kurz aufkochen lassen. Dann vom Herd nehmen und die Sahne, die Petersilie und die Erdnüsse dazugeben. Noch 2 Minuten ziehen lassen.

Mit Fusilli anrichten, die Soße mit Mandelblättern dekorieren.

Aromatipp:
Wenn nach der Zubereitung die Finger

nach Schalotten oder Knoblauch und dergleichen riechen: Einfach ein Messer mit Stahlklinge oder einen Stahltopf unter laufendes Wasser halten und die Finger am Stahl reiben.
Sobald Wasser auf Stahl trifft, wirkt der Stahl wie ein Katalysator. Die Schwefelverbindungen, die den unangenehmen Geruch von Zwiebel und Knoblauch verursachen, gehen jetzt eine Verbindung mit Sauerstoffmolekülen ein. Dadurch wird der geruchsaktive Teil inaktiviert.

b) Vegetarisch
Schnellste Eierspeise der Welt

2 Eier
4 Stamperl höchstprozentigen Schnaps, mindestens 60 Prozent

Man nimmt 2 Eier und 4 Stamperl Schnaps und gießt ihn über die Eier. Durch den Alkohol beginnen die einzelnen Eiweißmoleküle zu denaturieren. Umrühren und schon ist die Eierspeise fertig.
Allerdings schmeckt eine kalte Eierspeise nicht wirklich gut. Daher das Ganze flambieren. Vorher eventuell noch etwas Zucker dazu und ein paar Rumzwetschgen. Anzünden, fertig.

Augenschmaustipp:
Keinen Strohrum verwenden. Riecht zwar gut und hat viele Prozente, aber durch die Farbe, die die Eierspeise dann bekommt, schaut sie möglicherweise aus wie schon einmal gegessen. Nicht einmal für Roman-Shower-Fetischisten uneingeschränkt zu empfehlen.

3) Dessert
Made im Schokobrunnen

300 g Milchschokolade
Wachsmaden (lebend)
1 TL Maiskeimöl
Handelsüblicher Schokobrunnen

Betriebsanleitung des Schokobrunnens lesen. Die Schokolade zerkleinern und auf den vorgeheizten Schokobrunnen legen. Wenn sie sich verflüssigt, eine Made nehmen, in die Schokolade halten und verspeisen. Zwei Sensationen erwarten die Feinschmecker: zum einen das ungewöhnliche Gefühl, dass sich die verzehrte Nahrung im Mund noch bewegt, bevor sie, zwischen Zunge und Gaumen zerquetscht, zerplatzt und einen leicht nussigen Geschmack zu den Schokoaromen hinzufügt.

Guten Appetit.

Dass Schildkröten vermutlich keine Spiegelneuronen besitzen, weil sie nicht mitgähnen müssen, weiß man noch nicht so lange. Herausgefunden haben das Anna Wilkinson, Gründerin des Cold-Blooded Cognition Lab, und der Biologe Univ.-Prof. Ludwig Huber von der ehrwürdigen Universität Wien. *No Evidence Of Contagious Yawning in the Red-Footed Tortoise Geochelone carbonaria* sagen englischsprachige Köhlerschildkröten, wenn sie stolz davon erzählen, dass sie Gegenstand der Forschung geworden sind. Wilkinson und Huber haben nämlich versucht, verschiedene Exemplare von Köhlerschildkröten zum Mitgähnen zu bringen. Keine Chance. Nicht einmal gegen Bezahlung. Klingt unspektakulär, ist aber hochinteressant. Und deshalb werden Schildkröten vom Fachmann in die Liste der Lebewesen ohne Spiegelneuronen eingetragen. Das weiß man in dem Fall. So einfach ist das aber nicht immer. Falls Sie zufällig gerade in eine dreckige Scheidung verstrickt sind, und Sie gähnen Ihren Partner oder Ihre Partnerin an und filmen mit dem Handy, wie er oder sie nicht mitgähnt, so gilt das vor Gericht eher nicht als Videobeweis, der die Unterhaltsfrage zu Ihren Gunsten klären hilft.

Löwen wiederum haben sehr wohl Spiegelneuronen und müssen mitgähnen. Für einen König der Tiere Mindestausstattung, möchte man meinen. Wenn er schon keine elektrischen Fensterheber, Seiten-Airbags und Cruise Control serienmäßig anbietet. Allerdings müssen Löwen nur mit Artgenossen mitgähnen. Wenn man als Mensch von einem Löwen gestellt wird, dann ist es keine gute Idee, zu gähnen, und wenn der Löwe auch gähnen muss, davonzurennen. Die bessere Idee ist, stehen zu bleiben. Warum? Damit das Fleisch dem Löwen besser schmeckt, weil wir so vor dem Schlachten keine unnötigen Stresshormone mehr ausschütten? Nein. Grundsätzlich passt der Mensch nicht ins Beuteschema des Löwen, daher stellt uns ein Löwe auch nicht nach. Löwen schleichen sich auch nicht gezielt an, weil sie eine Gazelle als Beute eindeutig erkennen, an den Hörnern und so, und von einem Felsen mit glatter Oberfläche unterscheiden können. Sonst wäre Wicki in der Savanne in Gefahr, während Kojak in der Sonne liegen könnte.

Der Grund, warum Davonlaufen vor einem Löwen keine gute Idee ist, liegt darin, dass Löwen auf Bewegung reagieren. Löwen streifen auf der Jagd oft stundenlang umher, und wenn etwas ungefähr wie Beute aussieht, dann schauen sie sich das näher an. Wenn das Etwas Reißaus nimmt, dann weiß der Löwe: Brotzeit. Das ist aber erst die halbe Miete. Denn ein Löwe könnte uns als ein Etwas wahrnehmen, näher kommen und dann riechen, dass wir in seinen Diätplan passen. Nur, das haben wir kommen gesehen und uns im Rahmen der Evolution vorbereitet. Wir Menschen verfallen nämlich in der Regel automatisch in eine Schreckstarre, wenn unser Leben massiv bedroht ist. Das heißt, wir sind dann zwar klar bei Bewusstsein und können denken: „Auweia, ich bin in Lebensgefahr", aber wir können uns nicht bewegen und etwa den „Gefällt mir nicht"-Button anklicken. Wir bleiben stehen, schließen alle Körperöffnungen und stellen das Schwitzen ein.

Menschen, die das sprichwörtliche Hasenpanier ergriffen haben, sind seinerzeit evolutionär ausgeschieden, diejenigen, die sich nicht bewegen und zufälligerweise auch gerade nicht schwitzen konnten, haben überlebt und sich für die nächste Runde in der Wahl zu unseren möglichen Vorfahren qualifiziert. Wenn Sie sich also mit einer Antilope in einem angeregten Gespräch in der Savanne befinden, und plötzlich taucht ein Löwe auf, dann sagen Sie zur Antilope: „Lauf, Bro', ich halt ihn auf."

Doch zurück zum Gähnen. Wenn Schildkröten über diesen Skill verfügten, wären sie zur Empathie fähig, könnten sich also in andere Schildkröten hineinversetzen aka mitfühlen. Und Mitfühlen bringt soziale Vorteile. Zumindest beim Menschen wissen wir das. Wenn in unserer Nähe jemand gähnt, dann gähnen wir also aus Gewinnsucht mit? Das wissen wir nicht. Es ist nämlich nach wie vor nicht geklärt, warum wir gähnen. Wenn jemand behauptet, er weiß es, dann hat er es gerade erst herausgefunden oder er lügt.

Aber wir wissen, dass wir in vielen Fällen unweigerlich mitgähnen müssen, wenn in unserer Nähe jemand gähnt, oder wenn auch nur davon gesprochen wird. Wenn ein Verwandter oder Freund gähnt, dann ist die Wahrscheinlichkeit übrigens höher, als wenn vor Ihrer Wohnung ein Mormonenmissionar gähnt, während Sie die Türe schon wieder schließen.

Möglicherweise rührt das daher, dass Gähnen früher in Gruppen von Menschen angezeigt hat, dass einzelne Mitglieder müde wurden. Wie viel früher? Vor mehr als 100.000 Jahren. Juristisch längst verjährt, neurophysikalisch aber nicht. Die Effekte des Gähnens können als eine Art „synchronisierende Gruppenaktivität" verstanden werden. Das heißt, der Erhalt der Gruppe war für das Überleben sehr wichtig, weshalb Gähnen ansteckend wurde, damit die ganze Gruppe rastet und zusammenbleibt. Wenn man müden Gruppenmitgliedern beschieden hätte, sie könnten ja später wieder aufschließen, dann hätte es die Gruppe bald nicht mehr gegeben.

Und Schildkröten, diesen Einzelgängern, ist das egal? Das lässt sich so nicht sagen, denn außer beim Sezieren kann man in Schildkröten, wie auch in Menschen, nicht hineinschauen. Erdgeschichtlich gibt es Schildkröten jedenfalls viel länger als Menschen, wie wir sie heute kennen. Der Spielstand lautet: Schildkröten vs. Menschen: 200 Millionen Jahre zu zehn Millionen Jahre. Vielleicht ist mitfühlen also doch nicht so super. Vielleicht haben Schildkröten in der Weltgeschichte einfach deshalb so lange durchgehalten, weil sie so kaltherzige Drecksäcke sind. Wenn man einmal von der Suppenschildkröte absieht. Das war eher ein missglückter Franchise-Versuch.

Für seine Erkenntnisse auf dem Gebiet des Schildkrötengähnens hat Ludwig Huber übrigens 2011 den Ig Nobel Prize verliehen bekommen. Ein Parallelpreis zum Nobelpreis, quasi der Spaß-Nobelpreis, der mittlerweile von echten Nobelpreisträgern verliehen wird und, bis aufs fehlende Preisgeld, eigentlich das coolere Event ist. Im selben Jahrgang hat auch der Australische Juwelenkäfer gewonnen. Natürlich nicht er selbst, sondern die australischen Biologen David Rentz und Darryl Gwynne, die er für seine Erforschung in Lohn und Brot gesetzt hat. Und zwar, weil sich das circa fünf Zentimeter lange Käfermännchen in seiner Freizeit gerne mit Bierflaschen beschäftigt. Wenn das kleine Australische Juwelenkäfermännchen nämlich eine bestimmte, stumpenförmige Flasche eines in Australien sehr beliebten Bieres findet, die deutlich größer ist als es selbst, dann beginnt es sie zu begatten.

Na gut, wenden Sie zu Recht ein, sexuelle Selbstüberschätzung im Zusammenhang mit Bier kennt man auch von Menschenmännchen. Der Käfer trinkt das Bier aber nicht, ihm gefällt nur die Flasche. Vermutlich aufgrund eines glänzenden Musters auf ihr, das dem des Juwelenkäferpanzers ähnelt. Alles ist so, wie er es von der Natur als Schlüsselreiz für Paarung einprogrammiert bekommen hat, nur größer und toller. Der Käfer hält die Flasche für ein Superweibchen mit Megakurven und lässt nicht mehr locker. Auch nicht, wenn ein echtes Käferweibchen vorbeikommt, die Brille runternimmt, den Zopf aufmacht und die Haare schüttelt. Wer jetzt vorschnell über den Juwelenkäfer urteilt, sollte bedenken, dass dieser überproportionale Reiz auch bei Menschen wirkt. Immerhin hat Pamela Anderson ihre Karriere eher nicht ihrem gewaltigen IQ zu verdanken. Und ähnlich wie sich Menschenmänner manchmal für Frauen ruinieren, so hält auch der Juwelenkäfer bis zum bitteren Ende durch. Er macht so lange weiter, bis er vor Erschöpfung stirbt. Das heißt, er will den großen Tod im kleinen erzwingen.

Oder er wird, wenn er schon erschöpft ist, von Ameisen, die von der Freibierneige angelockt wurden, attackiert und gefressen. Man kann sagen, der Australische Juwelenkäfer verliert beim Flaschendrehen immer. Dass er sich quasi auf die Rote Liste rammelt, steht aber nicht zu befürchten. Es gibt noch genug Käfer, bestandsgefährdend ist dieser Fetisch nicht. Außerdem hat die zuständige Brauerei nach der Verleihung des Ig Nobel Prize verlautet, das Flaschendesign zu verändern, damit die Juwelenkäfermännchen nicht so blöd dastehen vor der Welt. Menschen sind schon seltsame Wesen. Sie sind die erfolgreichsten und rücksichtslosesten Raubtiere, die wir kennen. Ohne mit der Wimper zu zucken, lassen sie etwa jedes Jahr Hunderte Menschen im Mittelmeer ertrinken, die für ein besseres Leben alles riskieren, weil sie in ihren Herkunftsländern keine Zukunft sehen. Aber um einem Käfer die Fortpflanzung nicht unnötig zu verkomplizieren, wird die Produktionsstraße einer Brauerei umgestellt.

Ob auch die Erzählung *Die Verwandlung* anders geendet hätte, wäre Franz Kafka Australier gewesen, lässt sich allerdings nicht mit Bestimmtheit sagen. Jedenfalls gilt für den Juwelenkäfer: Es gibt kein richtiges Leben auf Flaschen.

Ameisen gähnen übrigens vielleicht. Man hat beobachtet, dass Ameisen nach dem Aufwachen Bewegungen machen, die man als Strecken, Rekeln und Gähnen interpretieren könnte. Wenn es sich tatsächlich um Gähnen handelt und wenn das ansteckend wäre, dann sollten wir Menschen uns schnellstens mit den Ameisen als solchen anfreunden: Doppelbesteuerungsabkommen, Meistbegünstigungsklauseln, Freihandelsverträge, das ganze Programm. Ameisen sind stark, gut organisiert und bei Bedarf extrem grausam. Wenn eine Ameise stirbt, dann fällt das den anderen Ameisen im Haufen mitunter erst einmal gar nicht auf, und sie lassen die Leiche einfach herumliegen. Nach etwa zwei bis drei Tagen aber beginnt eine tote Ameise Ölsäure abzusondern und zeigt damit den anderen an: „Ich bin eine Ex-Ameise, bitte 1x aus dem Weg räumen." Was dann auch umgehend passiert. Ameisen kommunizieren nämlich nicht wie wir hauptsächlich audiovisuell, sondern chemisch, das heißt über Duftstoffe. Und Ölsäure bedeutet: verzogen in den Ameisenhimmel/

Haushund, essbar
(canis esculentus)
Juwelenkäfer
(julodimorpha bakewelli)

über den Jordan gegangen. Das ist einerseits eine sehr pragmatische Lösung, die andererseits auch Nachteile in sich birgt. Wenn man nämlich einer quietschlebendigen Ameise ein bisschen Ölsäure auf den Rücken träufelt, dann wird sie von ihren Artgenossen gleichfalls abtransportiert. Widerspruch zwecklos. Auch wenn die lebendige Ameise strampelt und jauchzt, das Ableben tatkräftig leugnet und zum Beweis ihres heiteren Gemütszustandes mit der Hand unter der Achsel furzt: keine Chance. Was nach Ölsäure riecht, wird ausgemustert. Da ist die Kommunikation der Ameisen nicht sehr vielschichtig.

Gut, das gibt es bei uns Menschen auch, da heißt das Entfernen von ungewollten Artgenossen allerdings Sanierung oder Gesundschrumpfen, und wer möglichst viele funktionstüchtige Exemplare unbeirrt gegen ihren Willen vom Arbeitsplatz entfernt, wird nicht für ein hirnloses Insekt gehalten, das tot nicht von lebendig unterscheiden kann, sondern Managerin des Jahres oder in seiner Firma Leiter des Bereichs Corporate Human Resources.

(In der Ameisenwelt sollten Hersteller des Scherzartikels Schreckölsäure jedenfalls umfangreiche Marktforschung betreiben, bevor sie die Massenproduktion anlaufen lassen.)

Was jedoch eindeutig für die Ameisen spricht: Es sind viele. Zusammengerechnet übersteigt die Masse der Ameisen weltweit die Masse der Menschen beträchtlich. Wer jemals den Film *Phase IV* gesehen hat, weiß, dass mit Ameisen nicht gut Kirschen essen ist. Außerdem weiß er dann genau, was Spiegelneuronen sind. Achtung, Achtung, Spoiler – Alert. Wenn Sie den Film nicht kennen, und aber neugierig geworden sind, dann lesen Sie bitte erst weiter unten weiter, wir haben die Stelle mit einer durchgestrichenen Ameise markiert, denn wir verraten nun wesentliche Teile der Handlung. Mag sein, dass Sie das blöd finden, aber es ist im Dienst der Wissenschaft, und seit Stanley Milgram wissen wir, dass dann unter bestimmten Umständen die meisten Menschen parieren.

Sie erinnern sich: Im Jahre 1961 führte der US-amerikanische Psychologe Stanley Milgram erstmals jenes Experiment durch, das ihn berühmt machte und seitdem oft als Beleg für die Grausamkeit des Menschen herhalten musste: Ein „Lehrer“ (die eigentliche Versuchsperson) sollte einem „Schüler“ (dargestellt von einem Schauspieler) bei Fehlern in der Zusammensetzung von Wortpaaren jeweils einen elektrischen Schlag verpassen. Ein Versuchsleiter (ebenso ein Schauspieler) stand dabei hinter den manchmal zögernden „Lehrern“ und forderte sie auf, den Bestrafungsanweisungen des Experiments Folge zu leisten. Nach jedem Fehler des „Schülers“ wurde die Stärke des elektrischen Schlages erhöht. In den Versuchsreihen, in denen sich „Lehrer“ und „Schüler“ nicht sehen, aber hören konnten, war die Anzahl der Versuchspersonen, die die Stromstärke bis zu einer tödlichen Dosis erhöhten, am größten. Zwei Drittel der Versuchsteilnehmer gingen bis zum Äußersten. Denkt man sich, typisch, 20. Jahrhundert, Nachkriegsgeneration mit Soldatengehorsam. In Frankreich wurde das Experiment 2009 unter ähnlichen Voraussetzungen wiederholt, und das Ergebnis war das gleiche. Ohne vorangegangenen Weltkrieg. Was die Bereitschaft der Probanden deutlich herabsetzte, war die Nähe zum Opfer. Wenn sich „Lehrer“ und „Schüler“ im selben Raum befanden und somit körperliche Nähe bestand, wurden weniger Stromschläge erteilt. Wurden die Anweisungen lediglich telefonisch gegeben, gehorchte nur noch einer von fünf „Lehrern".[5] Und wenn hinter dem „Lehrer" zwei Versuchsleiter standen, die verschiedene Anweisungen gaben, so folgte kein einziger der „Lehrer"![6] Was also mit dem Milgram-Experiment bewiesen werden konnte, war, dass Menschen unter bestimmten Umständen, wenn sie die Verantwortung für ihr Tun delegieren können, grausame Sachen machen. Es taugt aber nicht zum Beleg dafür, dass Menschen an sich grausam sind. Denn ausnahmslos alle „Lehrer" haben die Elektroschocks nur widerstrebend und nicht frohgemut verabreicht.

Man kann im Einklang mit neueren, neurowissenschaftlichen Erkenntnissen sogar sagen, dass gesunde Menschen, die nicht unter Druck stehen, nicht freiwillig und schon gar nicht gerne anderen Schmerzen zufügen. Und das hat unter anderem auch mit den Spiegelneuronen zu tun, die uns ein Mitleiden mit anderen auf neuronaler Ebene ermöglichen.

FACT BOX | *Strom, Spannung und Widerstand*

Strom fließt in der Regel nur in Metallen. Metalle bestehen aus Atomen, wie alles in der Natur, aber diese Metallatome sind anders. Normalerweise befinden sich die Elektronen, welche den Atomkern umgeben, immer beim selben Atomkern und bleiben auch dort. Das gilt auch noch für einzelne Metallatome. Aber wenn sich mehrere Metallatome zusammentun, löst sich von jedem einzelnen Atom mindestens ein Elektron. Dieses Elektron kann sich nun innerhalb des Atomverbunds frei bewegen. Da jedes einzelne Atom mindestens ein Elektron abgibt, schwirren viele Elektronen in dem Metall herum. Nun mögen sich Elektronen nicht. Jedes einzelne Elektron ist elektrisch negativ geladen, und gleiche Ladungen stoßen sich ab. Also versuchen sich die Elektronen möglichst gut zu verteilen. Das ist der Ruhezustand in einem Metall.

Wird das Metall an eine Batterie angeschlossen, verändert sich alles. Eine Batterie hat einen Plus- und einen Minuspol. Was heißt das? Ganz einfach. Am Minuspol werden gerne sehr viele Elektronen abgegeben, während der Pluspol gerne Elektronen aufnimmt. Schließen wir eine solche Batterie an ein Stück Metall an, dann werden beim Minuspol Elektronen in das Metall hineingeschubst und beim Pluspol Elektronen herausgenommen. Nun können sich Elektronen wie gesagt eigentlich nicht leiden. So werden die Elektronen nicht gerne und freiwillig vom Minuspol aus in das Metall hineinwandern. Die Kraft, mit der sie aber hineingestoßen werden, wird als Spannung bezeichnet. Je stärker sie ist, umso mehr Elektronen bewegen sich durch das Metall und umso mehr Strom fließt.

Die Spannung versucht also, die Elektronen im Inneren eines Metalls zu bewegen. Der Strom ist die Zahl der Elektronen, die in einer bestimmten Zeit durch den Querschnitt des Metalls geleitet werden. Man kann sich das so vorstellen:

Der Minuspol ist eine Wasserquelle, der Pluspol ist das Meer und das Flussbett ist das Stück Metall. Je höher die Quelle gelegen ist (je höher die Spannung), umso schneller wird sich das Wasser bewegen, und je größer der Durchmesser des Flussbettes ist, umso mehr Wasser wird strömen. Beides steigert die Wassermenge, die in einer bestimmten Zeit durch den Querschnitt des Flussbettes fließt (also den Strom). Wird das Flussbett schmaler gemacht oder eine Staustufe dazwischengeschaltet, dann vergrößert sich der Widerstand, den es dem Wasserfluss entgegensetzt, und es fließt weniger Wasser hindurch. Soll trotzdem dieselbe Wassermenge hindurch, muss das Wasser schneller fließen, und dazu muss die Quelle höher gelegt, also die Spannung erhöht werden. Und das ist es schon, das berühmte ohmsche Gesetz, das das Zusammenspiel von Stromstärke, Spannung und Widerstand regelt.

Aber was ist eigentlich eine tödliche Stromdosis? Wie weiß man, dass es so weit ist? Das lässt sich leider nicht so einfach sagen, es hängt ganz davon ab. Wechselstrom mit 60 Hertz kann schon bei einer Stromstärke von zehn Milliampere und bei einer Einwirkdauer von länger als zwei Sekunden zum Tode durch Herzstillstand führen. Bei Unfällen mit Gleichstrom können demgegenüber noch Stromstärken von 300 Milliampere überlebt werden. Beim Defibrillator, den man einsetzt, um das Leben zu verlängern, beträgt die Spannung bis zu 750 Volt und dauert zwischen einer und 20 Millisekunden an. Die Stromstärke erreicht bei einem angenommenen durchschnittlichen Körperwiderstand von 50 Ohm bis zu etwa 15 Ampere. Die Größe von Strom, Spannung und Widerstand hängt mit dem Gesetz zusammen, das sich viele Menschen über den Physikunterricht hinaus merken, weil es so klingt wie ein Schweizer Kanton, der im Kreuzworträtsel gerne vorkommt. Das ohmsche Gesetz, nach dem deutschen Physiker Georg Simon Ohm benannt, lautet nämlich $U = R \cdot I$. U ist die Spannung, R der Widerstand und I die Stromstärke. Je höher die Spannung, desto größer ist also die Stromstärke oder der Widerstand. Wenn der Strom allerdings nur sehr kurz wirkt, beispielsweise unter einer Millisekunde, dann können wir Menschen auch Spannungsspitzen von 10.000 Volt aushalten. Derartige Werte werden in Elektrozaungeräten erzeugt. Wenn Sie auf einem Wandertag unbedingt auf einen Weidezaun urinieren wollen, machen Sie aber trotzdem keinen Fehler, wenn Sie gleichzeitig Ihrem Nebenmann die Hand auf die Schulter legen. Das schmälert zwar Ihren Schmerz nicht, aber der andere hat auch was davon. Und gemeinsame Erlebnisse stärken die Freundschaft.

Was vielfach unterschätzt wird, ist hingegen die besondere Gefahr, die von Stromleitungen bei der Bahn ausgeht. Jedes Jahr kommt es ein paarmal vor, dass Kinder oder Erwachsene auf einen abgestellten Waggon klettern und dort herumspielen und tanzen. Diese Menschen wissen sehr gut, dass sie nicht an die Stromleitung kommen dürfen. Sie wissen aber oft sehr schlecht, dass sie das auch nicht brauchen. Denn stromführende Oberleitungen der Bahn verfügen über 15.000 Volt, was bedeutet, dass es reicht, wenn ein Gegenstand rund 80 Zentimeter entfernt ist, damit ein Blitz entsteht. Die Elektronen wandern dann äußerst rasch von der Stromleitung über die Luft direkt in den Körper, auch wenn der fast einen Meter entfernt ist. Ob die Elektronen sich vorher hochputschen mit „Schaffst du nie!", ist nicht bekannt. Der Nachteil für Menschen, denen das passiert: Ihr Leben ist umgehend zu Ende, und es gibt nur eine sehr schlechte Evidenz, dass es danach weitergeht. Die Prognosen, wie ein Dasein nach solch intensivem Kontakt mit Bahneigentum ausschaut, lassen zumindest keine Vorfreude aufkommen. Der Vorteil: Man spürt nichts. Eigentlich verdampft der wesentliche Teil des Oberkörpers binnen Sekundenbruchteilen. Vom Satz „Schau, gar nicht so gefährlich, wie alle immer sagen, wenn man nur aufpasst" könnten sie keinen einzigen Buchstaben auch nur halb denken.

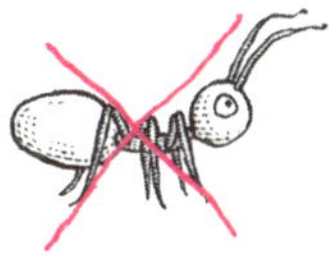

Oha! Die durchgestrichene Ameise, die habe ich jetzt ganz aus den Augen verloren. Jetzt hätten diejenigen, die nichts vom Inhalt von *Phase IV* wissen haben wollen, eigentlich auch weiterlesen können, weil gar nichts verraten wurde. Falls Sie die Passage davor übersprungen haben, fasse ich kurz zusammen, es ging ums Milgram-Experiment und um tödliche Stromstärken. Das hat mit *Phase IV* nur am Rande zu tun. Dort nämlich stellt sich bald heraus, dass die Ameisen die Chefs sind, und wenn sie wieder einmal einen Menschen bei lebendigem Leib verspeisen, dann fühlen die Zuschauerinnen und Zuschauer vor dem Fernseher auch ohne leibhaftige Ameisen im Raum ein Krabbeln und Kribbeln auf dem Körper, eben weil wir aufgrund der Spiegelneuronen mitfühlen können und müssen. Herrje, doch noch ein Spoiler. Der Film ist aber jedenfalls toll, es geht darin auch um viel mehr als nur ums Von-Ameisen-gefressen-Werden, und die durchgestrichene Ameise dürfen Sie trotzdem behalten. Glauben Sie mir, eine durchgestrichene, leblose Ameise ist in vielen Fällen einer lebendigen deutlich vorzuziehen.

KAPITEL III
ATTRAKTIONEN

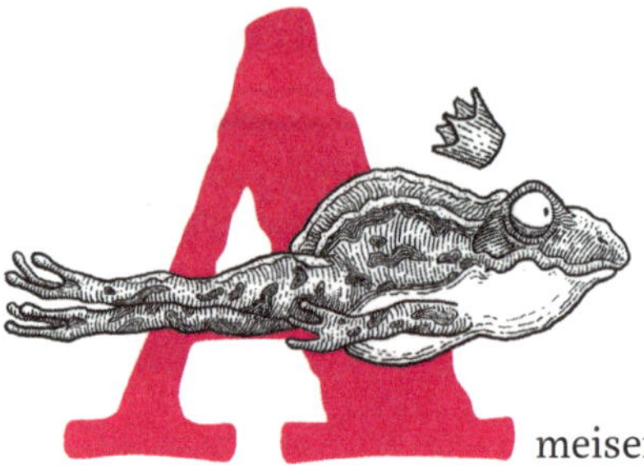

Ameisen sind Fachkräfte für Schmerz. Wenn Sie diesbezüglich Fragen haben, dann schauen Sie bei den kleinen Krabblern vorbei: Auf dem *Schmidt Sting Pain Index* dominieren sie jedenfalls das Feld nach Belieben. Was die Österreicher im Skispringen sind, das sind die Ameisen im Wehtun. Gold und Bronze gehen an Ameisen, von zehn Punkterängen sind vier von Ameisen belegt. Der Schmidt-Stichschmerz-Index listet auf, welche Stiche von welchen Insekten welche Schmerzen bereiten. Erstellt hat den Index aber nicht, wie der Name nahelegen würde, ein SS-Obersturmbannführer Schmidt, der sich im Zweiten Weltkrieg mit dem Zufügen von Schmerzen beschäftigte, sondern ein gemütlicher wirkender, inzwischen pensionierter Beamter des US-amerikanischen Landwirtschaftsministeriums namens Dr. Justin O. Schmidt. Und zwar in seiner Dienstzeit. Im Laufe der Jahre wurde er von über 150 Insektenarten gestochen. Die empfundenen Schmerzen fasste er in einem Katalog zusammen und beschrieb sie ziemlich blumig.[7] Platz 10 geht an die sympathische Blutbiene, Platz 1 an die 24-Stunden-Ameise. Der Stich der Blutbiene ist laut Schmidt „leicht, flüchtig, fast fruchtig, als ob ein winziger Funke ein einziges Haar auf dem Arm ansengt". Das klingt fast wie die Beschreibung eines Sommeliers, und das kann man locker aushalten. Der englische Name *sweat bee* für Blutbiene ist übrigens präziser und deutet an, worauf es diese Biene abgesehen hat. Auf den menschlichen Schweiß. Bei den Menschenweibchen ist Schweißgeruch in der Regel nicht besonders beliebt, bei diesen Bienenweibchen aber schon. Oder auch bei Gelsenweibchen. Gelsen aka Stechmücken gehören vermutlich zu den unbeliebtesten Tieren der Welt. Sie sind als Nutztiere nicht zu gebrauchen, weder zur Bewachung des Hauses noch zum Streicheln, und das Fleisch kann man auch nicht essen. Warum kommen sie dann trotzdem dauernd zu den Menschen? Weil es für die Gelsen günstig ist. Sie brauchen, wie viele andere Insekten auch, Östrogen. Sie könnten es zwar selber herstellen, aber sie gehen lieber shoppen, indem sie es übers Blut abzapfen, etwa bei Menschenfrauen, das ist bequemer. Wie finden uns die Gelsen immer so zielsicher, geht das über GPS-Ortung übers Handy? Nein. Gelsen werden durch Kohlendioxid angelockt. Die grobe Ortung erfolgt also etwa durch die ausgeatmete Luft. Wenn ein Mensch neben einem kokelnden Grill steht und ausatmet, ist er ganz vorne dabei. Wenn man also auf einer Gartenparty ein paar brennende Fackeln aufstellt, um die Gelsen zu vertreiben, gelingt damit das Gegenteil. Außerdem produzieren wir in unserem Schweiß Buttersäure, das dient den Gelsen im Nahanflug zur Orientierung. Das heißt, wenn auf einem Gartenfest viele Gelsen sind, dann wäre als Gelsenfänger eine verschwitzte Frau, die neben einem Grill stehend nach Atem ringt, die beste Wahl.

Gelsenstiche sind allerdings eher lästig als schmerzhaft. Über einen Gelsenstich kann die 24-Stunden-Ameise, die die Stichschmerz-Charts anführt, vermutlich nur lachen. Ihr Schmerz fühlt sich laut Justin O. Schmidt an wie „reiner, intensiver, strahlender Schmerz. Als ob man über glühende Kohlen läuft und dabei einen sieben Zentimeter langen, rostigen Nagel in der Ferse stecken hat." Warum der Nagel sieben Zentimeter lang und rostig sein muss, ist nicht bekannt, aber der Schmerz muss höllisch sein. Der Name der 24-Stunden-Ameise gibt nämlich den Zeithorizont an, nach dem die Schmerzen wieder nachlassen. Und ihr englischer Name *bullet ant* präzisiert, dass es dabei einen Tag lang so wehtut, als sei man von einer Gewehrkugel getroffen worden.

FACT BOX | *Schmerz*

Schmerz ist eine unangenehme bis äußerst unerträgliche Sinneswahrnehmung, die in der Regel mit einer Verletzung des Organismus einhergeht.
Der menschliche Körper besitzt eigene Rezeptoren für Schmerzen, genauso wie er Rezeptoren für Wärme oder Kälte hat. Diese Rezeptoren, auch als Nozizeptoren bekannt, sind gleichmäßig über den gesamten Körper verteilt. Sie befinden sich nicht nur in der Haut, sondern auch in der Muskulatur und den Eingeweiden, mit Ausnahme des Gehirns und der Leber. Sie reagieren auf mechanische, insbesondere starke oder spitze Reize. Andere Rezeptoren reagieren nur auf Hitze beziehungsweise auf chemische Reize wie Säuren. Und dann gibt es noch Rezeptoren, die auf alle drei Reize reagieren. Werden andere Rezeptoren längere Zeit übermäßig aktiviert, dann reagiert das

nachgeschaltete Neuron damit, dass es nach einiger Zeit weniger Signale an das Gehirn weiterschickt. Man spricht hier von Adaption. Leider zeigen die Nozizeptoren dieses Verhalten nicht, sondern das genaue Gegenteil: Die Rezeptoren bleiben aktiv, auch wenn der Reiz verschwindet. Zusätzlich gibt es noch Substanzen, die der Körper ausschüttet, wie Histamin oder Serotonin, welche die Nozizeptoren zusätzlich aktivieren. Das Serotonin führt zwar auch dazu, dass die Blutgefäße erweitert werden, womit es leichter zu einer Heilung kommen kann, aber es tut halt noch weh.

Zusätzlich wird ein Nervenwachstumsfaktor ausgeschüttet, der sogenannte schlafende Rezeptoren aktiviert. Beziehungsweise veranlasst der Nervenwachstumsfaktor, dass die bisher aktiven Nozizeptoren noch weiter sprießen und in das entzündete Gebiet einwachsen. Der Schmerz wird verstärkt – leider.

Schmerzen können über zwei verschiedene Neuronen weitergeleitet werden. So gibt es einerseits eine langsame Reizweiterleitung, zum Beispiel, wenn wir eine Herdplatte anfassen. Im Rückenmark kommt es zu einer Reflexverschaltung, somit ziehen wir die Hand zurück, aber es braucht noch etwas, bis der Schmerzreiz ins Gehirn gelangt. Anders verhält es sich, wenn uns eine Biene in den kleinen Finger sticht. Das erfahren wir sofort – hier sind die schnellen Neuronen aktiv.

Im Gehirn werden die Reize einerseits von der Großhirnrinde lokalisiert und andererseits vom Mandelkern bewertet. In der Großhirnrinde gibt es einen Bereich, der für die Wahrnehmung der Körperoberfläche zuständig ist. Die Bereiche, die auf der Haut benachbart sind, sind dies meist auch in der Großhirnrinde. Dort wird der Schmerz ebenfalls wahrgenommen, lokalisiert und schließlich vom Mandelkern qualitativ bewertet. Der entscheidet dann, ob es wehtut oder ob es echt wehtut oder ob es nur kurz wehtut, weil der Mandelkern dann sehr schnell das Endorphinsystem – das körpereigene Opiatsystem – aktiviert.

Problematisch ist eine Ortung der Schmerzen, wenn die Signale aus dem Inneren des Körpers kommen. Da hatte das Gehirn noch nicht ausreichend Möglichkeiten zu lernen, von wo der Schmerz kommt.

Eine wesentliche Unterscheidung des Schmerzes ist die zwischen akuten und chronischen Schmerzen. Der akute Schmerz ist klar über einen Auslöser definiert. Sobald der Auslöser aufhört, wird auch dieser Schmerz nicht mehr wahrgenommen. Akuter Schmerz ist für die Diagnose von Beschwerden enorm wichtig.

Von einem chronischen Schmerz spricht man, wenn er länger als drei Monate

dauert. Gerade Rückenschmerzen oder Phantomschmerzen sind typische Beispiele.
In vielen Fällen sind die Ursachen multikausal, das heißt, die organischen Ursachen sind nur ein kleiner Teil. Wesentlich sind auch Probleme mit dem sozialen Umfeld, welche sich dann als Schmerz äußern. Hier kann den Patienten mit einer guten Psychotherapie geholfen werden, nachdem alle organischen Ursachen ausgeschlossen wurden. Dafür sind in den letzten Jahren spezielle Schmerzambulanzen entstanden, die hier wahre Wunder vollbringen können.

Ob das dem Pistolenkrebs imponiert, ist aber nicht ganz sicher, denn der kann seine Gegner erledigen, ohne sie zu berühren. Der *pistolshrimp*, wie er auf Englisch heißt, ballert sie ab, obwohl er nur Platzpatronen verwendet. Er erlegt seine Beute mit einem lauten Knallen, das er mit einer seiner beiden Scheren erzeugt. Und zwar unter Wasser, im Meer. Sein Lebensraum ist das Benthal. Das liegt allerdings nicht, wie der Name andeuten könnte, zwischen zwei Bergen und ist nur über eine schmale Passstraße mit dem Postautobus zu erreichen. Benthal nennt man den gesamten Bodenbereich von Gewässern. Und dort besiedelt der Pistolenkrebs vor allem Korallenriffe.

Seine Waffe trägt er übrigens nicht im Holster, sondern er hat sie immer gezogen. Es handelt sich dabei um eine sogenannte Knallschere an einem seiner Vorderbeine. Sie ist fast halb so lang wie der gesamte Krebs. Der Supergimmick an ihr ist ein beweglicher Zahn, den der Krebs spannt wie den Hahn einer Pistole, um ihn mit enormer Geschwindigkeit in eine gegenüberliegende Grube schnappen zu lassen. Wobei enorm natürlich relativ zu sehen ist. Die sechs Meter pro Sekunde, die der Krebs dabei erreicht, entsprechen rund 22 Kilometern pro Stunde. Der Mensch nennt so etwas verkehrsberuhigte Zone, der Krebs gibt dabei Gummi. Die schnelle Bewegung erzeugt nämlich auch einen Hohlraum im Wasser.

Diese sogenannte Kavitationsblase implodiert kurz nach dem Schuss mit einem lauten Knall. Der Wasserstrahl, der dabei ausgestoßen wird, erreicht dann schon 25 Meter pro Sekunde. Das entspricht bereits 90 Kilometern pro Stunde und bringt, wenn es im Ortsgebiet passiert, 160 Euro Strafe, einen Monat Fahrverbot und drei Punkte in Flensburg (in Österreich wird nur zwei Wochen der Führerschein entzogen und werden bloß 70 Euro fällig – bei elf Kilometern pro Stunde mehr können es dann aber bis zu 2.180 Euro sein). Und nicht nur der Wasserstrahl ist schnell, der Knall ist auch laut, bis zu 150 Dezibel. In der Kavitationsblase werden zudem sagenhafte Temperaturen von mehr als 5.000°C erreicht. Doch damit nicht genug: Das Zuschnappen der Schere ist so kraftvoll, dass sogar ein Lichtblitz entsteht. 150 Dezibel sind fast so laut wie ein Raketenstart, und zwar einer großen Rakete, die ins All fliegt, und das ist wirklich laut. Und 5.000°C entsprechen fast der Temperatur auf der Sonnenoberfläche. Von wegen verkehrsberuhigte Zone. Bei einem Krebs-Quartett wäre der Pistolenkrebs ein sicherer Stich. Auch die Beutetiere des Pistolenkrebses – kleine Krabben, Würmer und kleine Fische – sind beeindruckt, vor allem wegen der Druckwelle, und fallen in Ohnmacht. So kann der Krebs sie bequem einsammeln und verspeisen und braucht nicht so zu hetzen vor dem Essen. Quasi ein ballistischer Slow-Food-Spezialist.

FACT BOX | *Lärm*

Als stillstes Örtchen auf Erden gibt das GUINNESS BUCH DER REKORDE den Schallmessraum des Ortfield-Labors in Minneapolis (Minnesota) an. Akustiker testen hier Lautsprecher und Mikrofone. Toningenieure haben einen Restschall von minus 9,4 Dezibel (dB) gemessen. Die negative Dezibel-Zahl herrscht dort, weil ein Meter dicke und über den ganzen Raum verteilte Kunststoffkanten jedes Geräusch schlucken. Erst ein dreimal so lautes Geräusch würde die menschliche Hörschwelle von null Dezibel erreichen.

Der lauteste Ort der Welt ist im Vergleich dazu schon ziemlich ungemütlich: die Rampe des Spaceshuttles während des Starts (in Cape Canaveral, Florida). NASA-Ingenieure haben einen Schallpegel von 180 Dezibel gemessen, das ist 10.000-mal lauter als Discomusik einen Meter vor dem Basslautsprecher und etwa 300-mal so laut wie ein Geräusch, das für das menschliche Ohr schmerzhaft ist. Die Konsequenz: Bei diesem Pegel wäre man nach einigen Sekunden taub. Auch nach physikalischen Gesetzen kann ein Geräusch kaum lauter werden, da die Schallwellen sonst kleine Vakuumlöcher in die Luft reißen würden.

Eine Erhöhung des Schalldruckpegels um zehn Dezibel wird subjektiv als Verdoppelung der vorhergehenden Lautstärke wahrgenommen. Eine leise Unterhaltung mit 40 Dezibel ist somit nicht viermal so laut wie das normale Atmen mit zehn Dezibel, sondern achtmal lauter.

Die Verdoppelung einer Lärmquelle (zum Beispiel von 20 auf 40 Pkw) verursacht hingegen objektiv eine Zunahme des Schalldruckpegels um nur drei Dezibel.

0 dB Hörschwelle
10 dB Blätterrauschen, normales Atmen
20 dB Flüstern, ruhiges Zimmer, Rundfunkstudio, ruhiger Garten
30 dB Kühlschrankbrummen
40 dB Leise Unterhaltung
50 dB Normale Unterhaltung in Zimmerlautstärke, Geschirrspüler
60 dB Laute Unterhaltung, Fernseher in Zimmerlautstärke
70 dB Bürolärm, Haushaltslärm, Pkw
75 dB Fahrradglocke
80 dB Starker Straßenlärm, Staubsauger, Schreien, Kinderlärm
88 dB Umweltfreundliche Rasenmäher
90 dB Autohupen, Lkw-Fahrgeräusch, Schnarchgeräusch
100 dB Motorrad, Kreissäge, Presslufthammer, Discomusik
110 dB Schnellzug in geringer Entfernung, Rockkonzert
120 dB Flugzeug in geringer Entfernung, Schreirekord, Gehörschäden bei kurzfristiger Einwirkung

130 dB Schmerzschwelle, Düsenflugzeug oder Sirene in geringer Entfernung
140 dB Gewehrschuss
160 dB Geschützknall, Knall bei einer Airbag-Entfaltung
170 dB Ohrfeige aufs Ohr
180 dB Raketenstart
190 dB Innere Verletzungen, Hautverbrennungen, Tod

Um leiser zu sein, bräuchte der Pistolenkrebs einen Schalldämpfer. In seinem Fall würde der tatsächlich ausreichen, um den Knall zu dämpfen. Bei Faustfeuerwaffen, wie wir Menschen sie verwenden, entstehen in der Regel zwei Knalle, und nur einer davon kann unterdrückt werden. Anders als in Filmen gezeigt, hört man also nicht nur ein Plopp, wenn man mit einem Silencer arbeitet. Der erste Knall entsteht, wenn die Treibladung explodiert und die Patrone durch den Lauf gedrückt wird. Diesen Knall kann man nicht dämpfen. Er ist ungefähr so laut, wie wenn man eine Tür sehr unfreundlich und schnell schließt. Der zweite Knall entsteht, weil auch die Luft durch die bewegte Patrone aus dem Lauf gedrückt wird. Das ist ein Überschallknall, den können wir dämpfen. Dazu muss entweder die Luft, die sich mit einer sehr hohen Geschwindigkeit aus dem Lauf bewegt, abgebremst werden, oder das Projektil fliegt nur mit Unterschall. In Deutschland ist der Besitz von Schalldämpfern bewilligungspflichtig, in Österreich und der Schweiz sind Besitz und Kauf von Schalldämpfern in der Regel verboten. Wie kommt man also an einen Schalldämpfer?

Am besten selber bauen. Vielleicht vor Weihnachten, als Geschenk für die Eltern, denn über selber Gebasteltes freuen sich die am meisten, wie gesagt wird. Man nehme eine leere

Kunststoffflasche und fülle diese mit Watte. Diese Kunststoffflasche befestige man auf dem Lauf der Pistole, sehr fest, sonst fliegt sie beim Schuss weg und bringt keine Lärmminderung. Wird nun die Luft im Lauf durch die Bewegung der Patrone angeschoben, so verhindert die Watte, dass sich die Luft weiterbewegt. Und dämpft den Schall. So einfach kann ein persönliches Weihnachtsgeschenk sein. Vielleicht noch mit Geschenkpapier umwickeln, und dem erweiterten Selbstmord bei Zimmerlautstärke steht nichts mehr im Wege. Allerdings gehört da schon noch eine gehörige psychische Störung dazu, bevor man so etwas macht. Und die kann man sich in der Regel nicht so einfach basteln. Also, keine Angst und viel Spaß beim Selbermachen!

Die Geräusche der Pistolenkrebse sind übrigens so laut, dass sie sogar die Sonargeräte von Schiffen stören können. Man kennt das Knallen der Pistolenkrebse schon lange. Seit dem Zweiten Weltkrieg. Die Weltmeere werden vor allem zur militärischen Aufklärung abgehört, etwa um die Bewegungen feindlicher Schiffe und U-Boote detektieren zu können. Und da ist der Pistolenkrebs immer wieder als Störenfried aufgefallen. Seit der Kalte Krieg vorbei ist, werden die Mikrofone vermehrt für die Forschung verwendet, sind immer empfindlicher geworden und haben ganz neue Geräusche zutage gefördert, die man sich erst nicht erklären konnte.

Der Hering furzt, die Forscher lachen, so kann man billig Freude machen

Wenn Menschen in der Lage sind, mit ihrem Enddarm einen Melodienreigen zu gestalten, dann können sie darauf eine berufliche Karriere begründen. Der wohl berühmteste Kunstfurzer der Geschichte war der Franzose Joseph Pujol, genannt *Le Pétomane*, der Ende des 19. Jahrhunderts sehr erfolgreich im Pariser Moulin Rouge auftrat und dort unter anderem die Marseillaise zum Besten gab. Heute ist der Brite Paul Oldfield als *Mr. Methane* mit einer ähnlichen Performance erfolgreich, er kann den Donauwalzer. Vermutlich wird es aber noch einige Jahre dauern, bis er in den Goldenen Saal des Wiener Musikverein eingeladen wird, um die Zugabe des Neujahrkonzerts gemeinsam mit den Wiener Philharmonikern zu intonieren. Bei uns Menschen sorgt so eine Begabung für Aufsehen, für Heringe des Pazifiks ist das Alltag. Wenn sie furzen, sagen sie danach nicht Entschuldigung oder brechen in schallendes Lachen aus und beginnen zu wacheln*. Für Heringe bedeutet Furzen Kommunizieren. Herausgefunden haben das Ben Wilson und seine Kolleginnen und Kollegen von der University of British Columbia. Heringe können sich laut ihren Forschungen durch 0,6 bis 7,6 Sekunden währendes Furzen unterhalten. Immerhin über mehr als drei Oktaven. Sie machen das, indem sie Luft aus ihrer Schwimmblase in den Analtrakt pressen. Es handelt sich dabei also nicht um

* Sich Luft zuzufächeln.

Blähgase, die bei der Verdauung entstehen, im Gegenteil furzen Heringe, die nicht gefüttert werden, umso mehr. Vermutlich geraten sie dann in Streit, wohin sie essen gehen sollen, wenn es so weit ist, und ob man sicherheitshalber einen Tisch reservieren lassen soll, aber bitte nicht wieder direkt vor der Toilette etc. pp. Dass sie sich dabei gegenseitig den Zeigefinger hinhalten und den anderen ersuchen, er möge einmal kurz anziehen, wurde nicht beobachtet.

Bombä, Alder

Viele Menschen, vor allem junge Männer, sind sehr glücklich und stolz, wenn es ihnen gelingt, einen Darmwind zum Brennen zu bringen. Manche filmen den Vorgang und stellen den Mitschnitt im Internet zur Begutachtung aus. Ob es besser ist, Flatulenzen mit dem Feuerzeug oder mit Zündhölzern zu entflammen, darüber gehen die Lehrmeinungen auseinander.

Über so etwas kann der Bombardierkäfer nur schmunzeln. Wenn er denn schmunzeln kann. Denn wenn man ihm sagt: „Come on baby, light your fire", dann lässt er sich nicht zweimal bitten. Evolution ist ein faszinierender Vorgang. Was sich als günstig erweist, um seine Geschlechtsmerkmale in die nächste Generation zu bringen, das wird in der Entwicklung bevorzugt.

Und so hat der Bombardierkäfer mit der Zeit einen regelrechten Explosionsapparat ans hintere Ende seines Körpers bekommen. Wann sich wo und warum entschieden hat, dass es für diesen Käfer günstig ist, dass er ein ätzendes, fast 100°C heißes Gasgemisch mit einem Knall aus seinem Hinterleib auf seine Feinde schießen kann, lässt sich heute nicht mehr sagen. Aber er kann es. Der Bombardierkäfer hat sogar ein regelrechtes Chemielabor in seinem Kofferraum: Wasserstoffperoxid, Hydrochinon, Katalase, Peroxidase, you name it. Menschen verwenden Wasserstoffperoxid in jungen Jahren zum Blondieren der Haare, im Alter wird es nicht mehr so gut abgebaut und macht die Haare unerwünschterweise grau. Für derlei kosmetische Sperenzchen hat der Bombardierkäfer nichts übrig. Er vermischt Wasserstoffperoxid in hoher Konzentration mit Hydrochinon, dieses wird im Rahmen einer katalytischen Reaktion oxidiert, jenes gespalten. Heraus kommt, im wahrsten Sinne des Wortes, ein brühend heißes Gasgemisch und jagt möglicherweise einen verblüfften Frosch, der den Käfer verspeisen wollte, in die Flucht. Wenn der erste Schuss nicht getroffen haben sollte, kann der Käfer nachlegen, er ist nämlich eine Repetierkanone. Er kann sogar um die Ecke schießen. Sollten die Käfer nach uns Menschen die dominante Spezies auf der Erde werden, wofür manches spricht, dann wäre der Bombardierkäfer für die Neuverfilmung von James Bond erste Wahl.

Wenn das so heiß ist, warum verbrüht sich der Käfer da nicht oder fängt gar Feuer? Ganz einfach. Die Evolution ist kein Depp, und wem sie eine Kanone in den Hintern entwickelt, dem gibt sie eine schützende Haut gratis dazu. Und 100°C, die reichen nicht aus, um diesen Käfer zu entzünden. Wie entsteht Feuer? Welche Bedingungen wir dafür benötigen, lässt sich mittels eines Verbrennungsdreiecks erklären: bestehend aus brennbarem Material, Sauerstoff, Wärme. Brennbares Material wäre der Käfer, aber seine Abschussvorrichtung ist vom Hersteller für hohe Temperaturen ausgerichtet. Da nützt es dann nichts, wenn genügend Sauerstoff vorhanden ist. Außerdem liegt der Flammpunkt eines Bombardierkäfers über 100°C.

Löschen geht übrigens logischerweise genau umgekehrt. Man kann das Brennmaterial entfernen, bei Waldbränden etwa eine Brandschneise schlagen, kann das Feuer ersticken oder ihm durch Wasser die Wärme entziehen. Das ist der Grund, warum Wasser Feuer löscht. Nicht weil dann alles nass ist, sondern weil es zu kalt für einen Brand wird.

Deshalb bleiben nach einer sogenannten spontanen Selbstentzündung oft auch die Extremitäten über und viele innere Organe. Spontane menschliche Selbstentzündung ist die Bezeichnung für eine Legende, nach der menschliche Körper ohne erkennbaren Grund von selbst verbrennen. Ohne Anzünden. Die Umgebung nimmt dabei kaum Schaden.

Wie kann das sein? Zauberei?

Natürlich nicht. Aber so etwas kommt manchmal tatsächlich vor. Wie das?

Am wahrscheinlichsten kommt die Theorie des multiplen Dochteffekts zum Tragen: Kleidungsstücke fangen Feuer, wirken als mehrlagige Dochte und sorgen für eine lange Branddauer, denn das Unterhautfettgewebe verflüssigt sich und das eigene Körperfett dient als Kerzenwachs. Fett brennt sehr gut. Man ist quasi sein eigenes Teelicht. Warum aber versuchen Menschen, die plötzlich brennen, nicht den Brand zu löschen, oder holen Hilfe? Die Menschen, bei denen das Phänomen der spontanen Selbstentzündung beschrieben wurde, waren meist stark betäubt, durch Alkohol oder Tabletten. Sie schlafen ein, während sie vielleicht noch eine Zigarette in der Hand haben, die entzündet die Kleidung, und schließlich brennt der Rauchwarenliebhaber. Spontan ist dabei gar nichts.

Die Enden der Gliedmaßen und innere Organe brennen dabei übrigens nicht. Warum? Damit ein Körper verbrennt, braucht man hohe Temperaturen – bei der Feuerbestattung eines Leichnams werden bis zu 1.200°C erreicht. Im Inneren des Körpers befindet sich oft noch Flüssigkeit. Und durch den rapiden Temperaturabfall von den oberen Körperregionen des sitzenden Spontanentzündeten hinab zu seinen Füßen kann das Feuer auch leicht ausgehen. Deshalb geraten nur von Kleidung bedeckte Körperteile in Brand, während frei liegende Partien unbeschädigt bleiben. Außerdem befindet sich in den Unterschenkeln nicht so viel Fett. Wenn jemand im Fauteuil sitzend während des Mittagsschläfchens Feuer fängt, dann verbrennt ein Teil von ihm selber, und er beendet dadurch sein Leben, die Einrichtung rundherum bleibt aber so gut wie erhalten, weil die Hitze nicht ausreicht, um den übrigen Raum zu entflammen. Das heißt für die Wohnungseigentümer: Ein bisschen zusammenkehren und lüften, und man kann die Wohnung gleich weitervermieten. Einerseits angenehm, weil sich der Mietausfall in Grenzen hält, andererseits enttäuschend: Da brennt es einmal, man könnte endlich die Hausratversicherung ausnutzen, und dann kommt die doch wieder davon.

Pingu macht Druck

Das Abendland ist auf die Dreiheit geprägt – Dreiklang, Dreifaltigkeit, Es-Ich-Über-Ich – deshalb wollen auch wir die furzenden Heringe und den Bombardierkäfer als Rektalartisten nicht zu zweit lassen, sondern das Triptychon vervollständigen. Wer hilft mit? Die Adelie-Pinguine.

Tierfilme sind bei hoch entwickelten Säugetieren aka Menschen sehr beliebt. Weil Tiere mitunter sehr putzig sind, weil sie sich bei der Fortpflanzung eigenartig gebärden oder weil sie Sachen können, die lustig ausschauen. Adelie-Pinguine beispielsweise können nicht nur gut schwimmen und erstklassig von Seeleoparden gefressen werden, sondern sie haben auch eine ganz eigene Technik entwickelt, ihr Nest von Fäkalien frei zu halten.

Adelie-Pinguine können extrem druckvoll defäzieren, um beim „Gang zur Toilette" weder Gefieder noch Nest zu beschmutzen. Sie stellen sich an den steinigen Rand ihres Nestes, Rückseite nach außen, und entledigen sich ihrer Exkremente mit immensem Druck. Mit bis zu 60.000 Pascal. Das weiß man woher? Indem man die Pinguine beobachtet hat. Muss man mögen, aber wenn alles passt, wie bei Victor Benno Meyer-Rochow von der Jacobs University Bremen und Jozsef Gal von der Loránd-Eötvös-Universität in Ungarn, dann kann man dafür den begehrten Ig Nobel Prize bekommen.

Um den Druck zu errechnen, gibt es eine Formel, und wenn man alle Parameter einsetzt, kommt man auf die Reichweite. Adelie-Pinguine gacken respektive kacken bis zu 40 Zentimeter weit. Klingt zuerst nicht sehr beeindruckend. Aber diese Tiere sind klein und leicht. Wenn man das auf die Größe eines erwachsenen Menschen umrechnet, wären es über zwölf Meter. Wenn wir Menschen so weit gacken könnten, gäb's sicher gleich Weltmeisterschaften im Weitscheißen. Wäre interessant, welche Sponsoren da einsteigen. Und wenn man als Sportler im Stadion in die richtige Richtung zielt, kann man auch die eine oder andere VIP-Loge treffen. Damit so eine Veranstaltung irgendeinen Sinn hat.

Ob es aber wirklich so toll ist, mit Hochdruck das große Geschäft zu verrichten, muss dahingestellt bleiben. Denn die Nester der Adelie-Pinguine liegen in ihren Kolonien relativ nahe beieinander, man kann also vermuten, es kommt nichts weg: Was in der Sippe passiert, bleibt in der Sippe.

Formel für Pinguinweitpfeffern

$$R = \frac{v \cdot \cos\alpha \cdot \left(v \cdot \sin\alpha + \sqrt{v^2 \cdot \sin^2\alpha + 2 \cdot g \cdot h}\right)}{g}$$

$$v = \sqrt{\frac{2 \cdot p}{\rho}}$$

R ... Reichweite	*R = 5 m für waagrechten Abschuss*
v ... Abschussgeschwindigkeit	*R = 12,3 m für Abschuss unter* $\alpha = 45°$
α... Abschusswinkel	*v = 11 m/s = 40 km/h*
g ... Erdbeschleunigung	$g = 9{,}81\ m/s^2$
h ... Abschusshöhe	*h = 1 m*
p ... Druck	*p = 60 kPa = 60.000 Pascal*
ρ... Dichte	$\rho = 1.000\ kg/m^3$

Nicht nur der Kot der Adelie-Pinguine hat in der Wissenschaft Karriere gemacht, auch die Fäzes der Kaiserpinguine sorgen für Aufsehen und die Vermählung basaler Bedürfnisse mit Hightech. Kaiserpinguine sind bei der Erderwärmung vermutlich nicht auf der Gewinnerseite, denn das Meereis, auf dem sie einen beträchtlichen Teil des Winters verbringen, wird durch höhere Temperaturen weniger.

Da Pinguine nicht sehr groß sind, kann man sie nur bei sehr hoher Auflösung via Satellitenaufnahme beobachten. Weil sie aber mehrere Monate quasi stationär auf dem Eis bleiben, schmücken sie ihren Winterwohnsitz durch ihren Kot derart aus, dass er sich farblich vom restlichen Untergrund abhebt. Dadurch kann man ihre Wanderbewegung während eines Jahreskreises nachvollziehen und schauen, ob die Bestände durch den Klimawandel dezimiert werden. Die Fäkalien auf der Erde sind aber nicht nur vom Weltall aus zu beobachten, umgekehrt geht es genauso gut. Dafür sorgt die Internationale Raumstation ISS.

Der Transport von Material auf eine und von einer Raumstation zurück ist sehr teuer, die Frachtkosten pro Kilogramm betragen rund 60.000 Euro. Und pro Tag fallen etliche Kilogramm Ausscheidungen (Kohlendioxid, Kot, Urin etc.) an. Alles wird, soweit möglich, wiederverwertet. Auch der Kot. Das geht grundsätzlich ganz gut, durch Dehydrierung wird etwa das gesamte Wasser abgezogen und durch Elektrolyse wieder brauchbar gemacht, aber alles kann man nicht noch einmal verwenden.

Was passiert nun mit den entwässerten Fäkalienresten, die man nicht mehr aufbereiten kann? Werden die einfach via

Plumpsklo hinausgeschleudert? Im Weltall gibt es ja keine Anrainer, die sich beschweren könnten.

Nein, einfach rauswerfen wäre viel zu gefährlich. Die ISS selber und Satelliten im Umkreis wären in Gefahr. Die ISS kreist mit knapp 30.000 Kilometern pro Stunde um die Erde. Die Fäkalien würden sehr schnell gefrieren und dann als steinharte Brocken mit der gleichen Geschwindigkeit herumsausen. Ein Satellit, der mit leicht unterschiedlicher Flugbahn unterwegs ist, hält einen Zusammenstoß mit einem gefrorenen Haufen möglicherweise nicht aus. Es würde schon reichen, wenn er ins Taumeln gerät oder einzelne Sensoren beschädigt werden. Er wäre dann zwar als Satellit unbrauchbar, aber als Weltraumschrott höchst gefährlich.

Deshalb wird, was nach dem Entfeuchten übrig bleibt, von der ISS ausquartiert. Das heißt, ein Raumschiff, das von der ISS zur Erde zurückfliegt, nimmt ein Transportmodul mit den entwässerten Fäkalien eine Zeit lang mit, und vor dem Wiedereintritt wird das Transportmodul abgestoßen und verglüht kontrolliert in der Erdatmosphäre. Das Verglühen kann man übrigens auch sehen, wenn die Verhältnisse passen. Vor allem in der Nacht ist es zuweilen gut sichtbar am Himmel.

Das heißt, wenn ein frisch verliebtes Paar am Nachthimmel eine Sternschnuppe beobachtet, dann kann es sein, dass während sich die beiden bei deren Anblick ewige Liebe wünschen, einfach nur gepresster Astronautenkot verglüht. Wenn das keine solide Basis für eine glückliche Beziehung ist.

Zimmerservice: Super-Continental Breakfast

Die NASA hatte für die Mannschaft des Spaceshuttle Atlantis einen osmotischen Urin-Recycling-Beutel entwickelt, der binnen weniger Stunden aus Urin Trinkwasser herstellt. Und nicht nur das, das Endprodukt dieses chemischen Prozesses schmeckt nicht nach Wasser, sondern nach Orangensaft, vergleichbar mit der beliebten Sorte Capri Sonne. Eine nette Idee für ein selber gemachtes Gastgeschenk. Sollte die Belegschaft auf der Raumstation planen, am nächsten Morgen ein Continental Breakfast einzunehmen, dann könnte ein Gute-Nacht-Dialog zwischen den Astronauten enden: „Geht ihr schon einmal schlafen, ich mach uns noch Orangensaft fürs Frühstück."

Den Ig Nobel Prize gab es übrigens nicht nur für kotende Pinguine, sondern auch für schwebende Frösche. Gemeint sind aber nicht jene Exemplare, die den Wohnsitz wechseln müssen, wenn eine Windhose ihren Stammteich ausfegt, die Frösche durch die Luft wirbelt und fern der Heimat wieder absetzt, sondern magnetische Frösche.

Wie kann ein Frosch magnetisch werden? Indem man dem Frosch nicht wie in der Kindheit eine Zigarette in den Mund steckt, sondern einen Nagel? Nicht ganz. Die meisten Substanzen, Objekte und Tiere wie Frösche sind unmagnetisch und damit zunächst vollkommen unfähig, in einem Magnetfeld zu schweben. Betrachtet man solche unmagnetischen Stoffe aber genauer, so stellt man fest, dass sie gar nicht völlig unmagnetisch sind, sondern nur etwa eine Milliarde Mal weniger magnetisch als zum Beispiel Eisen. Um solche Stoffe zum Schweben zu bringen, muss das Magnetfeld sehr stark sein. Wie stark, hängt von Volumen und Gewicht des Körpers ab. Für einen Frosch braucht man ein Magnetfeld mit einer Stärke von zehn Tesla. Der Frosch ist nach dem Flug im Magnetfeld aber nicht magnetischer als zuvor. Das heißt, man kann mit ihm danach nicht den Nordpol bestimmen oder ihn als Kühlschrankmagneten verwenden. Für einen Menschen bräuchte man übrigens ein Feld mit 40 Tesla. Aber das wäre nicht sehr gesund, und außerdem bräuchte man dafür wegen des enormen Stromverbrauchs ein eigenes Kernkraftwerk. In Zeiten von Energiewenden bringt man so ein Experiment niemals durch die Ethikkommission. Obwohl Michael Berry von der University of Bristol, einer der beiden Preisträger und Erfinder des Froschschwebeexperimentes, sich ohne Weiteres für einen Jungfernflug zur Verfügung stellen würde.

Der zweite Preisträger, sein Kollege Andre Geim, dürfte wenig später dann sehr wohl geschwebt sein, nämlich im siebten Himmel. Er bekam nicht nur im Jahr 2000 den Ig Nobel Prize, sondern zehn Jahre danach auch noch den Nur-Nobelpreis, ohne Ig. Gemeinsam mit Konstantin Novoselov für ihre Arbeiten an Graphen.

FACT BOX | *Graphen*

Graphen, das klingt eher nach Mathematik, nicht nach Physik. Graphen (mit Betonung auf „e") ist aber ein naher Verwandter des Graphits, des weichen Materials, das wir alle von Bleistiftminen kennen. Eine einzige dieser Lagen im Graphit, die nur ein Kohlenstoffatom dick ist, nennt man Graphen. Um dieses herzustellen, haben Geim und Novoselov eine verblüffend einfache Methode entwickelt. Sie lösten das Graphen von einem Stück Graphit ab, mithilfe eines ziemlich gewöhnlichen Klebebands. Und zwar schon zu einer Zeit, als noch niemand glaubte, dass Materialien mit einer Dicke von lediglich einer einzigen Atomschicht stabil sein können. Das kann im Prinzip jeder bei sich zu Hause auch machen. Man schreibt mit einem Bleistift auf ein Blatt Papier. Dann drückt man mit der Klebefläche eines Post-its auf die Bleistiftspuren, entfernt das Post it wieder, und hat Graphen. Dafür bekommt man aber

keinen Nobelpreis, denn die große Leistung bestünde darin, das Graphen auch wieder vom Klebestreifen herunterzubekommen.
Graphen ist eine Million Mal dünner als ein Blatt Papier, härter als Diamant und hat die höchste Reißfestigkeit, die je ermittelt wurde. Das könnte zu Transistoren führen, die wesentlich schneller arbeiten als die aus Silizium. Und Weltraumingenieure träumen bereits davon, dass man mithilfe der fantastischen Eigenschaften von Graphen vielleicht sogar den sagenumwobenen Weltraumlift weiterentwickeln könnte, der es ermöglichen soll, ganz ohne Rakete mit einem Aufzug ins All zu kommen.
Momentan gibt es dabei noch viele ungelöste Probleme, unter anderem das, aus welchem Material das Band bestehen soll, an dem sich der Lift in den Weltraum hinaufhantelt. Dieses Band muss nämlich extrem hohe Belastungen aushalten, darf aber nicht zu schwer sein, und Graphen könnte das eines Tages schaffen.

Ein Quantum Frosch

Im Märchen vom Froschkönig kann der Frosch zwar nicht schweben, aber kurze Zeit fliegen. Nachdem die Prinzessin nicht mehr mit ihm schmusen will, knallt sie ihn wutentbrannt, angeekelt und lautstark an die Wand. Warum macht sie das? Weil sie stärker ist. Der Frosch ist in der Erzählung nicht giftig wie seine Artgenossen, die Pfeilfrösche, und muss deshalb die Reise gegen die Raumgrenze aka Mauer antreten. (Wenn der Name nicht schon anderwärtig besetzt wäre, könnte man fast von einer Geräuschprinzessin* sprechen.) Im Märchen geschieht das Märchenhafte, der Frosch verschwindet

* Japanischen Frauen ist es angeblich häufig unangenehm, wenn bei ihrem Gang zur Toilette Geräusche ihrer Körperfunktionen zu hören sind. Aus diesem Grund betätigten sie permanent die Spülung und verschwendeten damit Unmengen an Wasser – bis in den 80er-Jahren Otohime eingeführt wurde. Ein Gerät, das das Geräusch der Wasserspülung nachahmt. Ins Deutsche übersetzte heißt Otohime Geräuschprinzessin.[8]

und es erscheint ein wunderschöner Prinz. Typisch Märchen? Von wegen. So etwas kann jederzeit überall passieren, wenn man einen Frosch gegen die Wand wirft. Man muss sich nur in Quantenphysik auskennen und dem Frosch ehrlicherweise vor dem Wurf sagen, dass die Wahrscheinlichkeit, dass sich das Märchen wiederholt, extrem gering ist. Wie soll das gehen?

Mithilfe des Tunneleffektes. Bevor wir zum Tunneleffekt kommen, machen wir einen Crashkurs in Quantenmechanik, damit Sie den Tunneleffekt verstehen können.* Es ist nicht sehr schwer, aber aufpassen muss man trotzdem. Setzen Sie sich gerade hin, das ist angeblich gut für die Wirbelsäule.

Also, erste Frage: Wo sind Sie? Würden Sie mit „hier" antworten, wäre das wie die Antwort eines Mathematikers: Richtig, aber niemand kann damit was anfangen. Was wäre physikalisch korrekt?

In der sichtbaren Welt kann man ganz genau sagen, wo Sie sich befinden. In der submikroskopischen Welt aber ist das nicht möglich. Nehmen wir an, Sie sind ein Lichtteilchen. In der Welt des Allerkleinsten, da sind Sie nicht an einem bestimmten Ort, sondern Sie haben eine Aufenthaltswahrscheinlichkeit. Klingt wie eine Vertröstung der Asylbehörde, ist aber Physik. Und Ihre Aufenthaltswahrscheinlichkeit hat die Form einer Glockenkurve. Das bedeutet, dass es einen Bereich gibt, in dem Sie am wahrscheinlichsten sind, aber Sie könnten bei einer neuen Messung theoretisch und für kurze

* Falls Sie ihn nicht schon kennen, wofür die Wahrscheinlichkeit bedeutend höher ist, als dass er Ihnen einmal passiert.

Zeit auch ganz woanders sein. Weil die Glockenkurve einen Bereich beschreibt, der nicht abgeschlossen und eigentlich unendlich ist, könnten Sie als Lichtteilchen theoretisch auch mal schnell in der Andromeda-Galaxie vorbeischauen.
Wie weit weg wäre das?

Circa eine Dreiviertelmillion Parsec.
Gern geschehen, Sie haben gefragt.

Könnten Sie dort hin- und dann zurückkommen und sagen: Die Andromeda-Galaxie ist sehr malerisch? Leider nein. Aber nicht weil die Andromeda-Galaxie hässlich ist, sondern weil Sie so kurz dort sind, dass es nicht einmal auffallen würde. Wenn Sie jetzt sagen: „Gut, dann war ich jetzt dort", dann wäre das zwar nicht auszuschließen, aber sehr unwahrscheinlich. Die Lebensdauer unseres Universums wäre bei Weitem zu kurz, als dass Ihnen als Mensch das einmal passieren könnte. Ende des Crashkurses.
Jetzt wissen Sie, wo Sie sein könnten, wenn sie ein Lichtteilchen wären, aber das ist noch nicht der Tunneleffekt, das war nur eine minimale Einführung in Quantenmechanik, damit Sie den Tunneleffekt verstehen können. Alles so weit klar? Gut. Dann nehmen wir uns den Tunneleffekt vor. Mein Kommando wird lauten: Auf die Plätze, fertig, los! Also, mein Kommando gilt: Auf die Plätze, fertig, und off we go. Die Aufenthaltswahrscheinlichkeit, die im Rahmen der Quantenmechanik für sehr, sehr kleine Teilchen gilt und die die Form einer Glockenkurve hat, diese Aufenthaltswahrscheinlichkeit für Lichtteilchen kann man sozusagen teilen.

Und wie?

Bombardierkäfer
(aptinus bombarda)
Hering
(clupea harengus)
Pistolenkrebs
(alpheopsis)

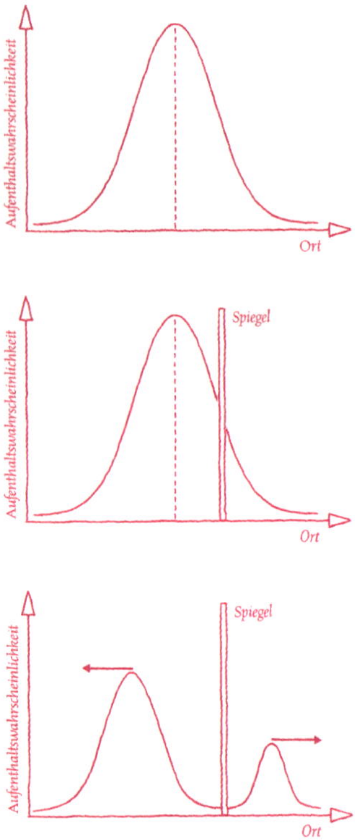

Nehmen wir wieder ein Lichtteilchen. Wenn man in die Glockenkurve, die die Aufenthaltswahrscheinlichkeit beschreibt, einen Spiegel postiert, dann erhält man vor und hinter dem Spiegel eine Aufenthaltswahrscheinlichkeit für das Lichtteilchen.

Das Lichtteilchen kann jetzt theoretisch auf beiden Seiten des Spiegels sein. Und um die Seiten zu wechseln, geht es durch den Spiegel durch. Das macht es in sehr seltenen Fällen. Und zwar indem es durch den Spiegel hindurchtunnelt. Das ist der Tunneleffekt. Das Lichtteilchen hört auf zu existieren, springt durch den Spiegel und beginnt seine Existenz wieder hinter dem Spiegel. Das Coole daran ist: Das ist kein mathematisches Modell, das kann man nicht nur berechnen, sondern das ist x-mal experimentell nachgewiesen. Auch schon mit größeren Objekten, etwa mit großen Molekülen. Quantenmechanik ist nämlich ein Konzept, das funktioniert, und nicht irgendein esoterisches Wischiwaschi. Und die Wissenschaft bekommt auch nicht vor Staunen den Mund nicht mehr zu, nur weil Teilchen über große Distanzen „springen" können oder über viele Millionen

Kilometer verschränkt bleiben. Ist halt so. Nur weil es in der Quantenphysik Vorgänge gibt, die ungewöhnlich erscheinen, heißt das nicht, dass man sie nicht genau beschreiben, experimentell überprüfen und für technischen Fortschritt verwenden kann. Wenn Ihnen aber wieder einmal wer mit Quantenmedizin und ähnlichem Unfug kommt, dann haben Sie jetzt zwei Möglichkeiten. Entweder Sie sagen umgehend: „Völliger Quatsch!“ Oder Sie verlangen, dass der Quantenmedizin-Fan Ihnen den Tunneleffekt erklärt, und sagen, falls er es überraschenderweise schafft: „Quantenmedizin ist trotzdem völliger Quatsch!“ Das können Sie von Ihrer Tagesverfassung abhängig machen.

Kann ein Mensch auch tunneln oder nur kleine Teilchen? Etwa durch eine Wand? Grundsätzlich könnte ein Mensch das, aber es wäre ein Generationenprojekt. Wenn Sie anfingen, jede Minute zehnmal gegen die Wand zu laufen, und ihre Kinder und Kindeskinder und so weiter den Betrieb übernähmen, so könnte es bis zum Ende unseres Universums vielleicht einmal klappen. Der Vorteil für die Kinder wäre: nie wieder Berufsberatungsmesse, nie wieder von Verwandten gefragt werden, ob man schon wisse, was man werden will. Der Nachteil: geringe Aufstiegschancen. Man kann natürlich die Wahrscheinlichkeit zu tunneln erhöhen, indem nicht ein großer Teil gegen eine dicke Wand läuft, sondern sehr viele kleine Teilchen gegen eine sehr dünne Wand. Wenn man unter diesen Voraussetzungen das Prinzip Präservativ betrachtet, in dem ja sehr viele, sehr kleine Teile auf eine sehr dünne Wand treffen, kann man dann sagen, dass man vor 2.000 Jahren zum Tunneleffekt noch Heiliger Geist gesagt hat? Eher nein. Einerseits ist der Heilige Geist erst viel später erfunden worden, andererseits hat es vor 2.000 Jahren noch keine Präservative im heutigen Sinn gegeben. Wenn man aber alle Geschlechtsverkehre ever zusammenrechnet, könnte es sich eventuell einmal im Rahmen der Menschheitsgeschichte ausgehen. Als Erklärung für den überraschten Partner oder die Partnerin, wenn nach dem geschützten Sex eine ungewollte Schwangerschaft zustande kommt, ist der Tunneleffekt vermutlich trotzdem nicht gut geeignet.

Aber er könnte naturwissenschaftlich sauber erklären, dass sich, zumindest theoretisch, der Froschkönig irgendwann einmal in einen Prinzen verwandeln könnte – zumindest wenn von einer Seite der Frosch gegen die Wand geworfen wird und von der anderen Seite ein Königssohn mit schönen, freundlichen Augen dagegenrennt.

Andre Geim, der Co-Erfinder des schwebenden Frosches, hat übrigens nicht nur mit Fröschen zusammengearbeitet, sondern auch einmal eine wissenschaftliche Arbeit gemeinsam mit seinem Hamster Tisha veröffentlicht. *Detection of earth rotation with a diamagnetically levitating gyroscope* nennt sich das im Fachmagazin *Physica B* publizierte Werk, in dem der Hamster als Co-Autor fungiert. Welche Rolle Geims Hamster Tisha bei den Experimenten gespielt hat, ist nicht bekannt. Wäre Geim so populär wie Richard Gere, hätte es ihm aber passieren können, dass ihm Ähnliches angedichtet wird wie dem Hollywoodschauspieler in der berühmten Hamster-Story (Auflösung folgt). Und gar nicht auszudenken, was passieren hätte können, wenn der Hamster nicht Tisha, sondern Tushy geheißen hätte ... Doch sehen Sie selbst.

KAPITEL IV

SEX, DRUGS AND ROCK 'N' ROLL

Am Samstag vor der Karwoche 1930 fand der Zoologe Israel Aharoni auf der Hochebene von Aleppo/Syrien eine wild lebende Goldhamsterfamilie: ein Muttertier mit elf Jungen. Das war insofern sensationell, als Goldhamster bis dahin seit über 100 Jahren als ausgestorben gegolten hatten. Den Fund überlebten drei Männchen und ein Weibchen, von diesen Geschwistertieren stammen alle heute lebenden Goldhamster ab. Die putzigen Schadnager wurden bald weltweit beliebt als Haus- beziehungsweise Versuchstiere und sind heute aus vielen Kinderzimmern und Labors nicht mehr wegzudenken. Aber nicht nur dort. Vielleicht weil sie in freier Wildbahn den Großteil ihres Lebens in Höhlen verbringen, wurde ein Hamster Hauptdarsteller in einer spektakulären Geschichte über eine Do-it-yourself-Flugshow.

Der Bericht darüber erschien angeblich in der *L.A. Times*, und nachdem dort auch schon die Science Busters erwähnt wurden, als Werner Gruber über den Nonsens der Beschallung von gärendem Wein mit Mozart-Musik referierte[9], muss die Quelle als seriös gelten. Die Meldung hat seitdem Karriere im Internet gemacht und beginnt wie folgt:

„In jenen Tagen erließ Kaiser Augustus den Befehl, alle Bewohner des Reiches in Steuerlisten einzutragen. Dies geschah zum ersten Mal; damals war Quirinius Statthalter von Syrien. Da ging jeder in seine Stadt, um sich eintragen zu lassen."
Pardon, falsche Geschichte, die richtige beginnt natürlich so:

„Im Nachhinein gesehen war der große Fehler, das Streichholz anzuzünden. Aber ich habe nur versucht, den Hamster wiederzukriegen", hat Eric Tomaszewski den amüsierten Ärzten in der Abteilung für schwere Verbrennungen im Salt Lake City Hospital erzählt. Tomaszewski und sein homosexueller Lebenspartner Andrew (Kikki) Farnon waren nach einer Session der intimen Art zur Erste-Hilfe-Behandlung eingeliefert worden, nachdem dabei einiges schiefgelaufen war. „Ich habe ein Papprohr in sein Rektum eingeführt und dann Raggot, unseren Hamster, hineinschlüpfen lassen", erklärte er. „Wie gewöhnlich hat Kikki ‚Armageddon' gerufen, das Zeichen dafür, dass er genug hatte. Ich habe versucht, Raggot zurückzuholen, aber er wollte nicht wieder rauskommen, also habe ich ein Streichholz angezündet und in das Rohr gespäht, wobei ich gedacht habe, das Licht würde ihn anlocken."

Bei einer eilig einberufenen Pressekonferenz beschrieb ein Sprecher des Krankenhauses, was als Nächstes geschah. „Das Streichholz entzündete eine Gasblase im Inneren und eine Flamme schoss aus dem Rohr, entzündete Mr. Tomaszewskis Haare, und fügte seinem Gesicht schwere Verbrennungen zu. Außerdem fingen das Fell und die Schnurrbarthaare des

Hamsters Feuer und entzündeten sich, was im Gegenzug eine noch größere Gasblase noch weiter innen entfachte. Dies schleuderte den Nager nach draußen wie eine Kanonenkugel! Tomaszewski erlitt Verbrennungen zweiten Grades und eine gebrochene Nase durch den Aufschlag des Hamsters, während Farnon Verbrennungen ersten und zweiten Grades an seinem Anus und Enddarm erlitt."

Es wird Sie nicht überraschen, dass die Story natürlich niemals in der *L.A. Times* erschienen ist. Es handelt sich um einen der bekanntesten Hoaxes des ausklingenden 20. Jahrhunderts und war auch bald als solcher entlarvt. Auch wenn andere, vollkommen absurde Geschichten ohne Weiteres geglaubt werden, etwa wenn führende Repräsentanten des politischen Establishments der westlichen Welt behaupten, sie würden jede Woche das Fleisch und Blut eines Unsichtbaren essen und trinken, der sich bei Bedarf auch in eine Taube verwandeln kann: Ein Hamster, der von entzündetem Enddarmgas durch die Luft geschossen wird wie ein Zirkusartist und dabei seinem Besitzer die Nase bricht, ist dann doch zu unglaubwürdig.

Aber wie schaut es vom Standpunkt der Physik aus?

Als Flatulenz oder Furz, österreichisch auch Schas, bezeichnet man die Entweichung von Gasen, wie Methan, Kohlenstoffdioxid, Schwefelwasserstoff, die im Darm beim Verdauungsvorgang gebildet wurden. Die meisten dieser Gase diffundieren in den Blutkreislauf und werden über die Lungen ausgeschieden. Das heißt: Ein Furz wird erst dadurch zum Furz, dass er den entsprechenden Körperausgang wählt. Als Darmgas ist er quasi noch eine Stammzelle, wenn Sie so wollen. Unser täglicher Gasüberschuss, der nicht über die Lunge abgeschieden wird, beträgt etwa 0,5 bis 1,5 Liter. Er tritt als Flatulenz aus. Ursachen für starke Flatulenzen können übrigens die Zusammensetzung der Ernährung oder Verdauungsstörungen sein.

Warum brennen Flatulenzen?

Nun, die chemischen Elemente beziehungsweise Verbindungen Wasserstoff, Schwefelwasserstoff und Methan unterliegen der EU-Gefahrstoffkennzeichnung aus EU-Verordnung (EG) 1272/2008 (CLP) für hochentzündliche Gefahrenstoffe. Als hochentzündlich gelten nach EG-Richtlinie RL 67/548/EWG[10] unter anderem Gase, die bei Raumtemperatur und normalem Luftdruck in Mischung mit Luft einen Explosionsbereich haben, also in die Luft gehen können, wie der Volksmund sagt.

Diesen Tatbestand erfüllen alle drei Verbindungen eindeutig. Sie sind dafür verantwortlich, dass Furze entzündbar sind. Dadurch können Verbrennungen und sogar Explosionen entstehen, bei denen Kleider oder Haare Feuer fangen und Haut- und Gewebepartien verletzt werden können. Wegen der großen Variationsbreite der Zusammensetzung – zum Beispiel können zwischen null und zehn Prozent Methan und zwischen null und 50 Prozent Wasserstoff enthalten sein –, sind manche Blähungen entzündbar, andere jedoch nicht. Es mag zwar jedes Böhnchen ein Tönchen geben, brennen muss es deshalb noch lange nicht.

Und brennen bedeutet im Falle einer Flatulenz einen Brand der Brandklasse C, im Falle unkontrollierten Ausbreitens würde die Feuerwehr ihm mit einem ABC-Löschpulver, bestehend aus Ammoniumphosphat und Ammoniumsulfat, zu Leibe rücken. Eine Explosion ist etwas anderes.

FACT BOX | *Explosion*

Bei einer chemischen Explosion verbinden sich Moleküle schlagartig, wobei sehr viel Energie frei wird. Diese Energie führt dazu, dass sich die einzelnen Moleküle sehr schnell voneinander wegbewegen, teilweise mit Überschall. Deshalb der Explosionslärm. Aufgrund der hohen ungleichmäßigen Molekülbewegung steigen die Temperatur und auch der Druck. Der Sprengstoff explodiert – es entsteht eine massive Druckwelle.

Ein Gemisch aus den Gasen Methan, Kohlenstoffdioxid und Schwefelwasserstoff kann in passender Zusammensetzung aber auch gehörig explodieren. Freunde der Kartoffelkanone wissen das nur zu gut. Eine Kartoffelkanone besteht aus einer Konstruktion aus Plastikrohren, die Erdäpfel aka Kartoffeln als Projektil verwendet. Der Antrieb kann über die Verbrennung von Gasen erfolgen. Mit einer solchen Kartoffelkanone konnten Kartoffeln mit einem Durchmesser von 4,5 bis fünf Zentimetern auf eine Geschwindigkeit von 290 bis 325 Kilometern pro Stunde beschleunigt werden. Für einen Nasenbeinbruch reicht diese Geschwindigkeit allemal.

Allerdings ist es trotzdem ziemlich unwahrscheinlich, dass sich das Abenteuer des Hamsters Raggot so zugetragen und er seinem Herrchen die Nase gebrochen hat. Bei der ersten Explosion der äußeren Gasblase durch die Entzündung des Streichholzes würde der Hamster nämlich nicht aus dem Rohr, sondern noch weiter ins Rohr hineingedrückt werden, wenn auch nur leicht. Aber selbst wenn Barthaare und Fell gebrannt hätten, so wie beschrieben, hätte die Geschichte nie so enden können. Denn entweder hätte der Hamster das Rohr abgedichtet – dann wäre er nicht in der Lage gewesen, die zweite, größere Gasblase zu entzünden –, oder er hätte sich mit der brennenden Schnauze bewegt und gedreht und dadurch die Gasblase entzündet – dann wäre das Gas als Flamme kurz an ihm vorbei verpufft. Denn eine Explosion findet mit einer derartigen Geschwindigkeit statt – mindestens 1.500 Meter pro Sekunde –, dass das Nagetier nie und nimmer rechtzeitig wieder für Abdichtung sorgen hätte können, damit die Volumenausdehnung im Enddarm hinter ihm stattfinden kann. Man kann es beziehungsweise den Hamster drehen und wenden, wie man will, so wie dargestellt hat das Ereignis aus wissenschaftlicher Sicht nicht stattfinden können.

Es sei denn, einzige Ausnahme, das Papprohr war innen mit Kunststoff beschichtet. Durch Reibung an einem Tierfell, in dem Fall dem Fell des Hamsters, kann sich eine elektrische Ladung aufbauen, der Hamster ist dann negativ geladen im Vergleich zum Papprohr, und wenn der Hamster nun den Darm berührt, kommt es zu einer Entladung durch einen Blitz. Und der entzündet dann die zweite größere Gasblase hinter dem Hamster. So wäre es prinzipiell möglich. Wiewohl auch dann ein rasanter Hamsterflug schon deshalb nicht zu erwarten ist, weil Gase, die sich ausdehnen, den Weg des geringsten Widerstandes nehmen und sich eher in den Dickdarm fortpflanzen würden. Ganz auszuschließen ist es allerdings aus wissenschaftlicher Sicht nicht, dass der Hamster zumindest geflogen ist. Auf jeden Fall ist die Wahrscheinlichkeit, dass sich diese Geschichte so zugetragen hat, bedeutend größer, als dass vor 2.000 Jahren ein allmächtiger, unsichtbarer Gott sich gedrittelt hat, um als sein drittes Drittel sich selbst als sein zweites Drittel zu zeugen, dann aber seine Fürsorgepflicht als erstes Drittel so zu vernachlässigen, dass er als sein zweites Drittel gekreuzigt wird, um daraufhin nach drei Tagen wieder ein Ganzes zu werden, außer jedes Jahr zu Pfingsten.

FACT BOX | *Feuerlöscher*

Viele Personen haben sich noch keinen Gedanken darüber gemacht, was zu tun ist, wenn es einen kleinen Brand in der Wohnung gibt. Das könnte ein Weihnachtsbaum oder auch eine brennende Bratpfanne sein. Beide Objekte sind per se noch nicht wirklich gefährlich, auch wenn sie brennen. Das Problem besteht darin, dass diese Objekte auch noch andere Objekte anzünden. Gerade beim Weihnachtsbaum sind es die Vorhänge, die sich leicht entzünden.

Wasser in ausreichender Menge ist meist nicht in der Nähe, aber man hat ja einen Feuerlöscher, mit dem man den Brand bekämpfen kann.

Bevor man mit dem Feuerlöscher den Brand bekämpft, sollte man sich über zwei Dinge im Klaren sein. Erstens, Sie haben genau einen Löschversuch. Nach diesem einen Versuch haben Sie den Brand gelöscht beziehungsweise so weit eingedämmt, dass Sie ihn leicht löschen können – oder Sie haben verloren. Dann sollte man die Kinder und die Dokumente mitnehmen, vielleicht noch eine Flasche Rotwein – es wird ein längerer Abend –, die Türe schließen und in aller Ruhe die Feuerwehr anrufen.

Zweitens sollte man wissen, dass ein Feuerlöscher zwar das Feuer löschen kann. Die Kollateralschäden könnten aber so groß sein, dass es besser gewesen wäre, die Wohnung doch abbrennen zu lassen. Es gibt verschiedene Feuerlöscher. Manche sind mit Wasser gefüllt – sie sind besonders super, wenn man einen Brand mit Speisefett in der Pfanne hat. Dann nämlich facht dieser Feuerlöscher den Brand noch mehr an. Der Schaumlöscher ist schon bedeutend besser, birgt aber auch die Gefahr, dass brennende Fette zur Explosion gebracht werden können.

Der Pulverlöscher wäre damit die perfekte Wahl. Das leuchtet vielen Menschen offenbar ein, denn in einer Stadt wie Wien wird jeden Tag mindestens ein Pulverlöscher aus einer Tief-garage gestohlen. Bei Bränden von Fetten in der Küche ist er aber einfach ungeeignet. Er verteilt das Fett nur. Das generelle Problem bei den Pulverlöschern besteht darin, dass sie leider enorm gro-

ße Kollateralschäden produzieren. Das feine Pulver verteilt sich über einen größeren Bereich weit über den Brandherd hinaus, in alle Ritzen und Furchen im Umkreis.
Sogar Monate später kann es noch Probleme verursachen, denn die Ablagerungen des Pulvers führen gemeinsam mit der Luftfeuchtigkeit zu Korrosionsschäden. Die beste Wahl für zu Hause wäre somit ein Schaum- oder CO_2-Löscher – oder eine gute Versicherung abzuschließen. Dann versucht man erst gar nicht zu löschen, sondern verlässt den Ort des Geschehens ohne versuchte Heldentaten.

Was die Hamstergeschichte betrifft, so gibt sie in ihren Details sehr gut Aufschluss darüber, warum sie erfunden wurde. Es handelt sich um eine homophobe Erzählung, um vor allem männlichen Homosexuellen, vor deren tatsächlicher oder auch nur behaupteter Promiskuität und Libertinage sich viele heterosexuelle Menschen, mitunter bewundernd, fürchten, zu unterstellen, sie hätten nicht nur regelmäßig und hemmungslos Sex, und zwar vorzugsweise ausschweifenden Analverkehr, sondern das alles auch noch im Beisein von Tieren. Dass der Hamster Raggot heißt, in Anlehnung an *faggot*, was auf Englisch so viel bedeutet wie Schwuchtel, tut ein Übriges. Auch die Unterstellung, die Richard Gere vor knapp zwei Jahrzehnten getroffen hat, er hätte sich zum sexuellen Vergnügen einen Hamster in sein Rektum appliziert, dürfte auf ein Wortspiel zurückgehen. In den USA ist bei diesen Geschichten nämlich nicht von einem Hamster, sondern einer *gerbil* die Rede, also einer Rennmaus, und von *gerbil* zu Gerebil war es dann nicht mehr weit.

Tatsächlich kann davon ausgegangen werden, dass homosexueller Geschlechtsverkehr von Menschen zuzüglich Tieren eher die Ausnahme ist. Homosexualität bei Tieren selbst, wenn auch ohne anwesende Menschen, ist allerdings nicht so selten, wie man glauben würde, wenn man davon ausgeht, dass die Evolution nur die Fortpflanzung im Sinn hat.

Bei etwa eineinhalbtausend Arten ist gleichgeschlechtliches Verhalten bislang dokumentiert, bei circa 500 gibt es ausführliche Beobachtungen. Am bekanntesten dürften diesbezüglich die Bonobos sein, auch Zwergschimpansen genannt, die matriarchalisch organisiert sind und als grundsätzlich bisexuell gelten. Bei den Bonobos kommen homosexuelle Paarungen genauso häufig vor wie heterosexuelle, hauptsächlich unter Weibchen. Auch bei Giraffen sind homosexuelle Beziehungen alles andere als selten, hier sind die Männchen aktiver. Bei den Langhälsen kommt es nach einem ausführlichen Vorspiel zum Vollzug mit allem Pipapo. Laut einer Studie wurden fast 94 Prozent aller Besteigungen bei männlichen Paaren beobachtet. Und die Giraffen kopulieren nicht, um eine Rangordnung herzustellen, sondern offenbar aus Vergnügen. Plinius der Ältere, an den sich nicht einmal die Älteren unter uns persönlich erinnern werden können, denn er lebte im ersten Jahrhundert unserer Zeitrechnung, hielt die Giraffe übrigens noch für eine Kreuzung zwischen Kamel und Panther, wovon der zoologische Name *Giraffa camelopardalis* noch zeugt. Das immerhin wissen wir heute besser.

Warum Tiere oder auch Menschen homosexuell werden, wissen wir allerdings nicht. Weil aber Heterosexualität wegen der Möglichkeit zur Fortpflanzung so unangefochten die Norm darstellt, war Homosexualität in allen Kulturen immer ein besonderes Thema. Und es gibt viele Erklärungen, warum Menschen oder Tiere homosexuell werden. Die einfältigeren argumentieren mit Gott und Satan und Verfehlung und Krankheit. Wahrscheinlicher ist aber, dass es eine genetische Disposition gibt, die Homosexualität prinzipiell möglich macht. Denn längst nicht alle homosexuellen Menschen und Tiere sind zeit ihres Lebens homosexuell aktiv, manche wechseln je nach Lage und Bedürfnis oder Notwendigkeit, manche leben zwar homosexuell, stocken die Beziehung aber zur Fortpflanzung auf, und so weiter und so fort. Die momentan besten Erklärungen für Homosexualität, die zur Verfügung stehen, operieren zum einen mit dem, was man soziales Geschlecht nennt, zum anderen mit einem evolutionären Vorteil für die Gruppe. Zur ersten Theorie schreibt die Biologin Joan Roughgarden: „Worin liegt also der evolutionäre Nutzen der Homosexualität? Er ist vielfältig – ähnlich dem unserer Fähigkeit, zu sprechen. Durch gleichgeschlechtlichen Verkehr lassen sich Freude und Vergnügen mitteilen. Außerdem kann Homosexualität, wie wir [bei den Tüpfelhyänen] gesehen haben, ein Dazugehörigkeitsmerkmal sein, das in Gemeinschaften Zugang zu sozialen Gruppen verschafft. In der Evolution entsteht sie, wie ich meine, immer dann, wenn es zwei gleichgeschlechtlichen Partnern Vorteile bringt, sich zusammenzutun: etwa um ihr Überleben zu sichern, Partner zur Fortpflanzung zu finden oder den Nachwuchs zu beschützen."[11]

Die andere These geht davon aus, dass es für Tiere, die in Gruppen leben, um die Erhaltung des Genpools geht. Alle miteinander verwandten Gruppenmitglieder tragen mit unterschiedlichen Wahrscheinlichkeiten dieselben Gene. Schwester und Bruder sind genetisch miteinander verwandt, also wenn der homosexuelle Bruder seiner Schwester bei der

Brutpflege hilft, hilft er auch einem Teil seiner Gene, die ja in den Neffen und Nichten weiterleben.

Für die „Sippe“ kann es im Sinne einer Gesamt-Fitness günstiger sein, wenn es mehr Gruppenmitglieder gibt, die sich um die Aufzucht der Jungen kümmern, als solche, die sich selber fortpflanzen. Man spricht in diesem Zusammenhang von Verwandtenselektion. Laut den Biologen John Maynard Smith und William D. Hamilton erklärt sie „die Vererbung von kooperativem und ‚altruistischem‘ Verhalten. Wenn Tiere Verwandten dabei helfen, ihre Jungen aufzuziehen, fördert dies die Weitergabe ihres ‚eigenen‘ Erbgutes. Das Ausmaß an altruistischem Verhalten richtet sich nach dem Grad der Verwandtschaft. Je enger Tiere miteinander verwandt sind, desto höher ist die Wahrscheinlichkeit, durch Verwandtenhilfe ‚eigene‘ Gene in die nächste Generation weiterzugeben, und desto häufiger ist altruistisches Verhalten anzutreffen.“[12]

Homosexualität bei Mensch und Tier ist also alles andere als ungewöhnlich. Trotzdem wird es wohl noch eine Zeit lang dauern, bis Eltern, die ein Baby erwarten, mit glücklichen Augen auf den dicken Bauch der Mutter blickend sagen werden: „Wir hätten gerne einen Buben, und schwul soll er sein.“

FACT BOX | *Gay Bomb*

Die Sex Bomb oder auch Gay Bomb war ein Vorschlag für ein Chemiewaffenprojekt der US-Streitkräfte. Im Jahr 1994 schlugen Wissenschaftler des Wright Laboratory auf dem Gelände der Patterson Air Force Base in Ohio verschiedene Konzepte für nicht tödliche Chemiewaffen vor. Eine dieser Waffen sollte die Gay Bomb sein.

Das Konzept sah eine Waffe vor, welche die gegnerischen Soldaten in sexuelle Ekstase mit großer Wollust zu sexuellen Handlungen miteinander bringen sollte. Diese offensichtlich nicht mehr kampffähigen Soldaten wären dann leicht zu überwältigen gewesen, ohne sie töten zu müssen. Das Konzept brachte es allerdings nicht über das Stadium eines Gedankenspiels hinaus, da die USA im Jahr 1997 die Chemiewaffenkonvention ratifizierten. Die Akten über die Gay Bomb sind vom Sunshine Project (einer regierungskritischen Organisation in den USA) veröffentlicht worden, nachdem sie durch den Freedom of Information Act als nicht mehr geheim eingestuft wurden. Edward Hammon, ein Sprecher der Gruppe, sagte, er habe viele unsinnige Ideen für neue Waffen in diesen Akten gefunden. Im Jahre 2007 wurde die Studie mit dem Ig Nobel Prize bedacht.

Liebe Schwestern und Schwestern

Was man heute weiß, ist, dass und warum ältere Männer manchmal schwul werden. Also nicht nur besonders aufdringlich und schamlos, wenn sie sturzbesoffen sind, sondern tatsächlich homosexuell. Das weiß man durch die sogenannten Klosterstudien. Bei Klosterstudien denkt man heute eher an polizeiliche Erhebungen wegen sexueller und gewalttätiger Exzesse im katholischen Schutzbefohlenenmilieu, es handelt sich aber um etwas anderes. Im Alter von 20 Jahren sind etwa fünf Prozent der Männer homosexuell. Bei 60-Jährigen sind es 15 bis 20 Prozent. Für die sexuelle Orientierung sind in unserem Gehirn die sogenannten Kerne des Hypothalamus zuständig. Sie entscheiden, ob wir lieber Männer mögen oder Frauen. Die Homosexuellen, die es erst im Alter werden, haben sich aber nicht durch eine Zusatzausbildung qualifiziert, sondern durch ihren Lebenswandel. Die Neuronen des Hypothalamus reagieren besonders sensibel auf Umweltgifte. Unter anderem führen viel Rauchen und starker Alkoholgenuss dazu, dass der Kern, der für Zuneigung zum anderen Geschlecht zuständig ist, immer kleiner wird, während der, der für Zuneigung zum eigenen Geschlecht zuständig ist, größer wird. Und das ergibt unter älteren Männern einen höheren Anteil an Homosexuellen. Natürlich nur, wenn sie davor heterosexuell waren, sonst ändert sich nicht viel. Das ist das, was der Volksmund mitunter als Altersschwulität bezeichnet. Klingt wie die antiquierte Drohung der schwarzen Pädagogik mit der Rückenmarkerweichung, mit der man jahrzehntelang jungen Menschen das Masturbieren verleidet hat. Das Update scheint zu lauten: „Sauf ruhig, rauch ruhig, dafür wirst du später schwul." Es handelt sich aber um seriöse Forschung. Die Klosterstudien haben die Lebenserwartung von Mönchen und Nonnen mit der von Männern und Frauen der Allgemeinbevölkerung in freier Wildbahn verglichen. Man ist davon ausgegangen, dass Nonnen und Mönche weniger Stress am Arbeitsplatz und bei der Reproduktion haben und weniger stark Umweltgiften ausgesetzt sind – unter anderem, weil Mönche in der Regel nicht im Asbestbergwerk arbeiten und Nonnen normalerweise nicht als Prostituierte. Und man fand einige erstaunliche Ergebnisse. Einerseits überleben Nonnen leichter, weil die Umgebung Kloster viele Verbrechen, Verletzungen und auch Suizid nicht begünstigt, andererseits erkranken Nonnen öfter an Krebs, besonders Brustkrebs – das kann daher kommen, dass sie nie stillen, oder aber, dass sie weniger häufig zur gynäkologischen Vorsorgeuntersuchung gehen. Eine Ausnahme stellt der Gebärmutterhalskrebs dar. Durch diesen Befund konnte im Umkehrschluss erhärtet werden, dass Viren, die beim Geschlechtsverkehr übertragen werden, hauptverantwortlich für Gebärmutterhalskrebs sein dürften. Gegen Gebärmutterhalskrebs gibt es heute eine hervorragende, prophylaktische Impfung für junge Frauen, gegen die Impfgegner gerne und mitunter vehement mobilmachen, weil, man muss es in diesem Zusammenhang vielleicht sagen, weil sie in dem Punkt leider wieder einmal ahnungslose Idioten sind.

Was man noch weiß durch die Klosterstudien: Die Lebenserwartung, die in der Allgemeinbevölkerung für Männer deutlich niedriger ist als für Frauen, gleicht sich bei Mönchen und Nonnen nahezu an. Nonnen und Frauen der Allgemeinbevölkerung, wie das genannt wird, leben praktisch gleich lang, dicht gefolgt von den Mönchen. Männer hingegen, die kein Ordensgelübde ablegen, leben im Schnitt um sechs Jahre kürzer. Das heißt in Endrunden gerechnet, sie versäumen zwei Fußball-WM und eine EM. Oder umgekehrt – kommt drauf an, wann sie sterben.

Die Klosterstudien haben mithin ergeben: Wer im Konvent in spiritueller Sicherheitsverwahrung als ein von der Gnade einer unsichtbaren Gottheit Abhängiger lebt, führt zwar ein entsprechend unspektakuläres, antimodernes und nach landläufiger Meinung auch fades Leben, das aber dafür länger. Und er wird kurioserweise nicht so leicht schwul im Alter.

Wobei die Schnittmenge zwischen Homosexualität und Klostergelübde dem Vernehmen nach auch ohne Kernschrumpfung durch Umweltgifte nicht besonders klein sein dürfte.

Das lässt sich ein bisschen mit Diäten vergleichen. Menschen, aber auch Mäuse, die nur ein Drittel der Nahrung zu sich nehmen, die sie normalerweise gerne zu sich nehmen würden, werden deutlich älter, haben aber auch eine deutlich erhöhte Wahrscheinlichkeit einer Depression. Das heißt, wenn man weniger isst und damit der landläufigen Meinung nach gesünder lebt, lebt man zwar länger, aber das Vergnügen hält sich eventuell in Grenzen. Beim Lauftraining ist es ähnlich. Denn wer nur läuft, um fit zu sein und länger zu leben, und kein Vergnügen aus der Bewegung zieht, der braucht mehr Zeit zum Joggen, als er durch die Bewegung an Lebenszeitverlängerung gewinnt. Das heißt zehn Stunden Laufen pro Woche bringen bloß eine Stunde mehr Lebenszeit. Wer also wenig isst und dadurch sein trauriges Leben verlängert, sollte, wenn er früher zudrehen möchte, viel Joggen gehen.

Lass uns schmutzig Liebe machen

Ein Leben im Kloster wollen viele von uns schon deshalb nicht führen, weil dann der Sex wegfällt. Zumindest offiziell. Warum uns Menschen Sex so viel Vergnügen bereitet, wissen wir. Hauptsächlich soll es in seinem Windschatten zur Fortpflanzung kommen. Genau deshalb ist auch Verlieben so angenehm für uns. Wenn sich ein Mann in eine Frau verliebt, dann reagiert sein Hypothalamus, ein Teil des Zwischenhirns, sinngemäß mit einem begeisterten „Wow!!!“. Und gibt der

Hypophyse aka Hirnanhangdrüse den Befehl: „Drogen ausschütten, und zwar die feinen und im großen Stil!" Die beiden hängen sich quasi ein und rufen: „Ausziehen! Ausziehen!" Wenn die Liebe erwidert wird, dann sind die beiden Verliebten für circa drei Monate für ihre Umwelt aus der Wertung genommen. Danach lässt die Wirkung der Drogen allmählich nach, weil sich der Hypothalamus sagt: „Wenn es bis jetzt mit der Fortpflanzung nicht funktioniert hat, dann sollen die beiden selber schauen, wie sie es schaffen. Ich mag nicht mehr." Wieder sinngemäß natürlich. Viele Beziehungen sind danach auch zu Ende. Wenn die Drogen nicht mehr wirken, sieht man seinen Partner beziehungsweise seine Partnerin das erste Mal so, wie er oder sie wirklich ist. Und das wollen viele dann gar nicht so genau wissen. Wenn die Beziehung trotzdem weitergeht, entscheiden laut Statistik im nächsten halben Jahr Kleinigkeiten über Bestand oder Scheitern. Wer wo wie seine Socken liegen lässt, wer wie die Klopapierrolle einhängt oder wer auf welche Weise die Zahnpasta aus der Tube drückt. Derartiger „Kleinscheiß" ist ein Hauptkriterium, ob aus den sich gegenüberstehenden Genpools vielleicht doch noch Nachwuchs entsteht oder nicht. Wer seinen Partner oder seine Partnerin nach drei Monaten noch liebt, sollte also sicherheitshalber zumindest bei der Zahnpasta auf Dosierspender umsteigen. Der nächste neuralgische Punkt einer Beziehung kommt auf das Paar zu, wenn die Kinder aus dem Haus sind, und dann im hohen Alter, wenn man sein Leben lang unzufrieden war und nichts mehr zu verlieren hat. Rein statistisch natürlich. Jeder Fall, den Sie kennen, ist selbstverständlich ein Einzelschicksal.

Rhesusaffe
(macaca mulatta)
Bärtierchen
(tardigrada)
Küchenschabe
(blatta orientalis)

Wenn Sex, Partnerschaft und Brutpflege so anstrengend und unwägbar sind, wenn Stress, Umweltgifte und Konkurrenz- und Reproduktionsdruck das Leben so stark verkürzen können, warum leben wir dann nicht alle wie Mönche und Nonnen? Warum gibt es überhaupt Sex?

Sie werden staunen. Auch wenn Sie manchmal tags darauf nicht mehr wissen, warum Sie am Vorabend mit der Person, neben der Sie gerade aufwachen, Sex gehabt haben: Warum es Sex überhaupt gibt, das ist bekannt. Weil es beim Überleben hilft, und nicht nur beim Weiterleben.

Sex in der geschlechtlichen Fortpflanzung zwischen Männchen und Weibchen ist ziemlich aufwendig und kostet viel Energie. Pflanzen, Tiere und insbesondere Menschen drücken ihre sexuelle Anziehung zum anderen Geschlecht durch unterschiedliche Formen und Aspekte aus: Zärtlichkeit, Überredung, Protzerei, Angeberei, Einschmeichelei, Verführung, aber auch Gewalt und Unterwerfung. Warum aber treiben wir in der geschlechtlichen Liebe einen derart großen Aufwand zur Erzeugung von Nachkommenschaft? Was bringt das ganze Getue und Brimborium um Sex, wo sich doch Lebewesen mit wesentlich weniger Anstrengung und ungeschlechtlich, sogar ohne Männchen fortpflanzen können? Sexuelle Vermehrung bringt einen eminenten biologischen Vorteil in der Evolution und ist deshalb in der Pflanzen- und Tierwelt weit verbreitet. Die weithin akzeptierte Erklärung ist, dass bei der sexuellen Fortpflanzung das Erbmaterial von zwei Eltern vermischt wird. Dadurch können biologische Arten schnell und effektiv auf veränderte, neue, stressige und nachteilige Umwelt- und Lebensbedingungen reagieren.

Eine dieser rasch wechselnden Umweltbedingungen ist der wenig beachtete, aber eigentlich immerwährende Kampf von Lebewesen gegen sich schnell verändernde Parasiten. Praktisch jedes Lebewesen wird von Parasiten geplagt, angefangen von Viren und Bakterien bis zu parasitären Pflanzen und Tieren. Etwa 80 Prozent aller Lebewesen leben auf diese Weise parasitär und beziehen Nahrung, aber auch andere Ressourcen wie Körpersubstanz, Sauerstoff oder Wärmeenergie, von sogenannten Wirten. Der Wirt wehrt sich dagegen auf mannigfache Weise. Am wirkungsvollsten kann er gegenüber Parasiten bestehen, wenn er ihren wechselnden Tricks möglichst schnell mit einem Wechsel seines eigenen Erbguts begegnet. Eine solche Anpassung macht den Wirt fitter gegenüber den Parasiten. Kann man das auch überprüfen oder klingt das nur gut? Man kann. Am Fadenwurm *Caenorhabditis elegans*. Das ist ein circa einen Millimeter langer Fadenwurm, der sich sowohl gleichgeschlechtlich als auch zwischengeschlechtlich vermehren kann und normalerweise im Erdboden lebt. Ein krankheitserregender Parasit für diesen Wurm ist das Bakterium *Serratia marcescens*. Auf den Befall durch den Parasiten reagiert er mit einer erstaunlich effizienten Taktik. Er stellt auf Sex um. Wenn man die Würmer und die Bakterien dem natürlichen evolutionären Wettstreit überlässt, dominiert auf Dauer die sexuelle Fortpflanzung beim Fadenwurm, weil er sich dadurch an die sich verändernden Tricks des Bakteriums schnell anpassen kann. Wenn der Befall nachlässt, lässt auch die sexuelle Aktivität wieder nach. Stimmt das Ergebnis? Machen wir die Gegenprobe. Wenn man durch genetische Manipulation beim Fadenwurm nur mehr gleichgeschlechtliche Vermehrung erlaubt, stirbt er unter der Einwirkung der schädigenden Bakterien rasch aus.

Normalerweise ist geschlechtliche Liebe viel zu aufwendig, um vom evolutionären Standpunkt aus sinnvoll zu sein. Es scheint so, dass wir die Vergnügungen des Sex und die Existenz von Männchen Parasiten verdanken. Denn durch sexuelle Vermischung der Gene werden die Widerstandskraft und die Fitness des Wirts gegenüber Parasiten enorm gestärkt. Ob es für Frauen, die das Gefühl haben, von ihren Männern ausgenutzt zu werden, ein Trost ist zu wissen, dass es da einen Zusammenhang gibt zwischen Patriarch und Parasit, muss allerdings dahingestellt bleiben.

Wenn eine solche Anpassung nicht gelingt, dann kann es mit einer Spezies auch bald vorbei sein. Beim Menschen war es angeblich vor gut 100.000 Jahren fast so weit. Game over hätte es beinahe geheißen, maximal 10.000 Menschen lebten damals noch. Wer war der Massenmörder? Der Mensch selber, aber unabsichtlich und indirekt. Zwei veränderte Gene für das Immunsystem haben der Menschheit letztlich das Überleben gesichert. Diese beiden Gene haben sich nach der Verzweigung der Entwicklungslinie von Schimpansen und Menschen besonders schnell entwickelt. Man nennt das einen genetischen Hotspot der Humanevolution, und an diesen Hotspots findet in der Regel Bemerkenswertes statt. Im vorliegenden Fall haben sich zwei Gene, die beim Schimpansen das Andocken von Bakterien erleichtern, um von ihnen ausgelöste Entzündungen möglichst schnell zu bekämpfen, beim Menschen so entwickelt, dass sie die Immunantwort abschwächen. Damit werden entzündliche Immunreaktionen gedämpft, da diese manchmal den Krankheitserregern eher nützen würden als schaden.[13] Wie kann man sich das vorstellen? Ein bisschen so, wie wenn man mit einem Messer in den Oberschenkel gestochen wird. Solange das Messer im Bein steckt und die Wunde verschließt, ist das zwar unangenehm und schmerzhaft, aber erst wenn man die Tatwaffe aus dem Oberschenkel herauszieht, wird die Blutung lebensgefährlich. Deshalb hat der Mensch für manche Erreger die Taktik entwickelt, die Immunantwort zu dämpfen, um so nicht unabsichtlich den Schaden zu vergrößern. An sich schlau gedacht von der DNA. Da werden vielleicht auch die kleinen Krankheitserreger im ersten Moment anerkennend geklatscht haben. Wie sie dann aber mit dem Klatschen fertig waren, haben sie die Alarmanlage genauer inspiziert und ihren Wirkmechanismus verstanden. Mit bösen Folgen für die Menschen. Wenn nun nämlich ein Erreger kam, der diesen Trick durchschaut hatte, dann konnte es eng werden. Das ist nach Meinung von Molekularmediziner Ajit Varki[14] und seinem Team von der University of California in San Diego vor gut 100.000 Jahren passiert. Schädliche Bakterien haben angedockt, als ob sie alleine nichts Böses anstellen könnten, haben das Immunsystem getäuscht, seine Wirksamkeit gedämpft und sich so ungehindert ausgebreitet. Die Menschen haben daraufhin aber nicht im Gegenzug ebenfalls anerkennend geklatscht, sondern sind gestorben. Vor allem für viele Neugeborene war die Situation tödlich, und wären die Gene daraufhin nicht mutiert, gäbe es heute wahrscheinlich keine Menschen. Das heißt kein Weihnachten, kein Oktoberfest, keinen Opernball, kein urbi et orbi, keinen Kölner Karneval. Trotzdem war es gut, dass die Gene mutiert sind.

Ice, Ice, Baby

Eigentlich war es ja mit dem Leben auf der Erde schon viel früher fast einmal aus. Zu über 80 Prozent der Erdgeschichte war der Planet völlig eisfrei. Aber vor 600 bis 750 Millionen Jahren gab es eine Zeit, in der die Erde komplett mit Schnee und Eis bedeckt war. Optisch nicht unbedingt sehr abwechslungsreich, aber dieses Stadium der sogenannten Schneeballerde ist für die Naturwissenschaften heute hochinteressant. Denn wie konnten Lebewesen derartige Bedingungen überdauern? Leben auf der Erde gibt es seit etwa 3,5 Milliarden Jahren, und es ist nach der Phase der Schneeballerde nicht wieder neu entstanden, was auch sein hätte können, sondern es hat diese Phase spektakulär überlebt. Im April 2009 hat ein Forscherteam[15] im Taylor-Gletscher in der Antarktis einen unterirdischen See gefunden, in dem Bakterien Millionen Jahre in völliger Dunkelheit und unter Sauerstoffabschluss überdauert haben. Sie hatten sich darauf spezialisiert, Eisenverbindungen aus dem Gestein zu lösen und über diese chemische Reaktion Energie zu gewinnen. Salopp formuliert essen diese Bakterien Eisen und scheiden Eisenoxid aus. Durch das Abschmelzen des Eises floss aus dem Gletscher eine blutrote Flüssigkeit, für die man erst keine Erklärung hatte. Das sah spektakulär aus und bekam den nicht minder Respekt einflößenden Namen „Blood Falls". Aber diese rote Flüssigkeit, die aus dem unterglazialen See austritt, ist nicht Blut, sondern das Stoffwechselprodukt dieser Bakterien: Eisenoxid beziehungsweise, schlicht und ergreifend, Rost. Alles übrige Leben hat die Verhältnisse während der Schneeballerde vermutlich nicht überdauert, diese Bakterien aber schon. Das heißt, jedem Adeligen, der sich mordstrum was einbildet auf seine Herkunft, dem kann man sagen: Schon möglich, dass irgendwann vor ein paar Hundert Jahren irgendein Papst irgendeinen deiner Vorfahren gekrönt hat, aber an die Wurzel deines Stammbaums gehört ein Bakterium, das Rost scheißt.

Salz auf unserer Haut

Die Erkenntnis, dass Sex hauptsächlich im Kopf stattfindet, dürfte sich in der Bevölkerung, schon lange bevor die Wissenschaft Hirnscans machen konnte, festgesetzt haben. Anders ist nicht zu erklären, dass der Pottwal zu seinem englischen Namen kam, nämlich *sperm whale*. Man hielt das Walrat, also die fett- und wachshaltige Substanz aus dem riesigen Vorderkopf des Pottwals, für sein Sperma, und nannte es auch Spermazeti. Sperma ist klar, zeti kommt von cetus und ist im weitesten Sinne der Wal, die Cetologie die Kunde von ihm. Das Spermazeti-Organ kann allein zwei Tonnen wiegen und hat natürlich mit der Fortpflanzung gar nichts zu tun. Trotzdem taugt der Name für allerlei Schabernack und Promotion. Eine junge Frau namens Nicole „Snooki" Polizzi, in den USA als Reality-TV-Promi bekannt und ein bisschen vergleichbar mit der jungen Verona Feldbusch, wenn Sie sich daran noch erinnern können und wollen, gab im Februar 2011 zu Protokoll, dass wohl jeder wisse, dass das Salz durch Walsperma ins Meer käme. Ob sie das aus Spaß, Unwissenheit oder Schläue gemacht hat, weil man als Boulevardfernsehstar mit derartigem Nonsens sicher Schlagzeilen bekommt, lässt sich nicht sagen. Die britische Organisation Sense and Science, die alljährlich auf ihrer Website eine Sammlung von Unsinn publiziert, den sogenannte Promis im abgelaufenen Jahr von sich gegeben haben, machte sich unter anderem über diese Wortspende von Frau Polizzi lustig.[16] Natürlich nicht ganz zu Unrecht. Zwar können Schweinswale ihre Hoden, die im Winter nur ein paar Gramm wiegen, in der Paarungszeit im Sommer auf fast ein halbes Kilo vergrößern, aber um das Meer salzig zu machen, reicht das natürlich nicht.

Die vermeintlich richtige Erklärung eines Ozeanografen namens Dr. Simon Boxall ist natürlich nicht ganz so dämlich wie die mit Walsperma, aber eigentlich auch nur so ungefähr richtig beziehungsweise eigentlich noch nicht mal das: „The salt in the sea comes from many millions of years of water flowing over rocks and minerals. It slowly dissolves them leading to the 'salty' nature of the seas – it's not just salt but every material on the planet including gold."[17] Fast noch peinlicher, wenn die Richtigstellung auch noch nicht korrekt ist. Kann der nicht einmal richtig sagen, wie das Salz ins Meer kommt! Wozu haben wir den studieren lassen? Dabei weiß das echt jeder! Sie auf jeden Fall. Sonst wären Sie nie so schlau gewesen, ein Science-Busters-Buch zu kaufen. Sagen Sie es sich trotzdem laut auf, bevor Sie auf der nächsten Seite das Buch umdrehen und Ihre Erklärung bestätigt bekommen. Nur so zum Spaß.

Natrium aus dem Fluss wird dauerhaft in das Gestein am Meeresgrund eingebaut. Allerdings dauern diese Umwandlungsprozesse, in denen das gelöste Material im Meer in Gestein umgewandelt wird, unterschiedlich lange. Kalzium braucht eine Million Jahre, Natrium 69 Millionen Jahre, Chlor, wie gesagt, praktisch unendlich.

Wenn Natrium und Kalzium und die anderen gelösten Elemente in den Meeresboden eingebaut sind, dann werden sie im Rahmen der Plattentektonik wieder an Land transportiert. Alle 100 Millionen Jahre wird die komplette Erdoberfläche erneuert. Vereinfacht gesagt wird im Rahmen der Geodynamik der alte Meeresboden unter die Kontinentalplatten geschoben, wie Kehricht unter einen Teppich. Er verbindet sich mit diesem, wird Teil von ihm, und irgendwann landet der Staub, der eigentlich unter den Teppich gekehrt wurde, wieder an dessen Oberfläche, wird vom Staubsauger erfasst und beim Saugen in die Luft gewirbelt, und kann sich so als quasi wiedergeborener Staub auf dem Boden ablagern und nach einiger Zeit wieder unter den Teppich gekehrt werden.

Da capo al fine. Genauso ist es mit dem Salz. Alle Elemente, die wie Natrium in den Flüssen gelöst einst ins Meer gelangt sind, werden wieder der Erde zurückgegeben. Und während seines Aufenthalts im Meer ist das Natrium eben gemeinsam mit dem Chlor eine Zeit lang Salz. That's it. Und wenn die Erde nicht untergeht, was sie in absehbarer Zeit nicht tun wird, dann geht das noch viele Millionen Jahre so weiter.

Die richtige Frage lautet daher nicht, wie das Salz ins Meer kommt, das wissen wir jetzt.

Die richtige Frage muss lauten: Warum wird das Meer nicht salziger? Weil eben nur sehr wenig Natrium ins Meer kommt und aber auch wieder aus ihm verschwindet, wenn auch nur sehr langsam.

Wie kommt das Salz in das Meer?

Salz besteht aus Natrium und Chlorid. Jedes Salz. Egal ob Salinensalz, Meersalz, Himalajasalz oder Fleur de Sel. Jedes Salz besteht so gut wie ausschließlich aus NaCl-Molekülen, der Rest ist Marketing, Aberglauben und Betrug. Aber wie kommt es ins Meer?

Viele Menschen glauben, die einzelnen Bestandteile aus dem Gestein werden herausgewaschen und gelangen so über die Zuflüsse ins Meer.

Bei dieser Hypothese gibt es aber drei Probleme:

1) Wenn man sich Flusswasser anschaut, so enthält es kaum Chlor. Fast alles Chlor, das über Flüsse ins Meer kommt, ist davor über die Gischt in die Flüsse gelangt. Aus dem Gestein wird praktisch kein Chlor herausgespült.

2) Der Salzgehalt im Meer ist seit über 200 Millionen Jahren so gut wie konstant.

3) Wenn die Flüsse das Salz ins Meer bringen würden, wäre bald zu wenig Festland da. Gleichzeitig mit Natrium wird beispielsweise auch Kalzium aus dem Gestein, in dem Fall Kalkstein, gelöst. Würde das Kalzium immer nur von Land ins Meer gebracht, wäre der gesamte Kalkstein auf der Erdoberfläche schon nach rund 100 Millionen Jahren verbraucht gewesen. Die Erde gibt es aber schon seit über viereinhalb Milliarden Jahren und noch immer reichlich Kalkstein auf ihrer Oberfläche.

Wie kommt das Salz also ins Meer?

Die Antwort lautet: Das ist die falsche Frage.

Der Gehalt des Chlors im Meer ist seit Jahrmillionen praktisch konstant. Es stammt aus dem Erdinneren, und zwar aus der Zeit der Entstehung der Erde vor mehr als vier Milliarden Jahren, entstanden ist es durch Ausgasung. Es hat eine extrem lange Verweildauer, das heißt, chemische Prozesse im Meerwasser, die Chlor abbauen, dauern wirklich sehr, sehr lange. Da hat sich praktisch seit Beginn der Erdgeschichte nichts getan, schauen Sie bitte in ein paar Hundert Millionen Jahren wieder vorbei.

Und das Natrium?

Das Natrium wird tatsächlich, neben einigen anderen Mineralien wie etwa Kalzium, aus dem Gestein herausgespült und von den Flüssen ins Meer transportiert. Kalzium wird von Organismen aufgenommen, die sterben dann, die Kalkschalen zum Beispiel der Muscheln sinken zum Meeresboden und werden in Kalkstein beziehungsweise Dolomit umgewandelt. Natrium wird unter Druck und Wärmeeinfluss gemeinsam mit Ton am Meeresboden zu Granit. Das heißt, das

Um das Meer salzig zu machen, reichen weder der Schweiß der Badegäste noch das Sperma der Wale aus. Obwohl das vermutlich tatsächlich etwas salzig schmecken würde, würde man es kosten. Eine Zeit lang hat man übrigens gedacht, Spermien selber würden den Duft von Maiglöckchen besonders gern mögen. Man ging davon aus, dass Samenzellen den Düsenantrieb einschalten, wenn sie Bourgeonal riechen, das als die bestimmende Duftnote des Maiglöckchens gilt.[18] Und dass sie das Ei, das sich zur Befruchtung hergerichtet hat, dann mit aktiviertem Geruchsturbo mitunter doppelt so schnell finden. Die feine Nase der Spermien wurde als Maiglöckchenphänomen bekannt. Das wäre sehr romantisch gewesen, wenn das Spermium seine Liebste an ihrem unwiderstehlichen Wohlgeruch erkennt und so ein Menschenkind der Liebe entsteht.

Leider stimmt die Theorie nicht, neuere Untersuchungen haben ergeben, dass Spermien olfaktorisch doch nicht so begabt sind und immer der Nase nach den Weg zum Break-even erschnuppern. Die ganze Poesie rund um die Samenzellen des Mannes ist also wieder dahin.[19] Dabei hätte der Gedanke an Maiglöckchenduft vielleicht vielen Menschen geholfen, die den Geschmack von Sperma nicht mögen, aber damit konfrontiert sind.

Eine Erklärung, warum männliche Samenzellen keinen Wohlgeschmack verbreiten, lautet, dass es evolutionär nicht sinnvoll sei, diese mit dem Aroma einer Süßspeise anzubieten, weil ihr Bestimmungsort ein anderer sei als der Gaumen. Weil die chemische Zusammensetzung der Samenzelle auf ihrer großen Fahrt ins Glück helfen soll und nicht zu einer guten Gastrokritik[20], könne man ihren Geschmack auch nicht durch Ernährung beeinflussen. Aber es gibt, neben unzähligen Berichten von Selbstversuchen, auch wissenschaftliche Hinweise, dass das doch möglich sein könnte.

Das weiß man, weil es in der Wissenschaft von Interesse ist, das Löslichkeitsverhalten von Stoffen im menschlichen Körper zu kennen. In diesem befinden sich einzelne Zellen, und zwischen den Zellen gibt es extrazelluläre Flüssigkeit. Diese Flüssigkeit entspricht dem Blut, allerdings fließt das Blut auf zellulärer Ebene nicht mehr durch die Adern und Venen wie durch Rohre, sondern es diffundiert durch das Gewebe. Dadurch können die einzelnen Moleküle leichter in die einzelnen Zellen gelangen und damit versorgen. Aber der Körper kann nicht alles brauchen, was er zu sich nimmt, und scheidet manches als Abfall auch wieder über Leber und Nieren aus. Dieser Abfall, insbesondere spezielle Geschmacks- oder Geruchsmoleküle, wandert aber, bevor er ausgeschieden wird, durch den gesamten Körper. Und hinterlässt da und dort, unter anderem im Sperma, Spuren. Daher scheinen die Aromabeurteilungen, die man im Internet zuhauf findet, teilweise doch zu stimmen. Angeblich wird Sperma ein wenig süßer, wenn man viel Ananassaft trinkt – aber nicht zu viel, sonst fallen die Zähne aus, wie wir wissen –, und wenn man die Diät auf Zigaretten und Kaffee reduziert, dann soll sich das Aroma in Richtung *smoked flavour* verändern. Von Räuchersperma zu sprechen ginge aber sicherlich zu weit. Auf dieselbe Weise, wie Geschmacksmoleküle das Bouquet von Sperma beeinflussen können, können Farbmoleküle die Färbung eines Hühnereidotters verändern. Wenn man Hühnern grüne

Lebensmittelfarbe ins Futter mischt, wird der Dotter grün, bei roter wird er rot. Blaufärben geht auch, ist aber nicht ganz einfach. Weil viele Menschen lieber orange als hellgelbe Dotter mögen, wird gewerbsmäßig dem Hühnerfutter auch Paprikapulver beigemengt. Beim Sperma kann man farblich nicht arbeiten, aber es fluoresziert im Dunkeln bei Bestrahlung durch UV-Licht. Wenn Hänsel auf dem Weg durch den dunklen Wald das damals gewusst und eine UV-Lampe dabeigehabt hätte, hätte er andere Wegmarken verwenden können als Brotbrösel, und die Geschichte mit der Knusperhexe wäre heute nicht im kollektiven Gedächtnis verankert.

Die Wissenschaftlerinnen und Wissenschaftler sind aber nicht in erster Linie am Geschmack interessiert, das überlassen sie getrost den Hobbyforschern. Sie interessieren sich etwa dafür, warum Sperma manchmal quasi wie ein Antidepressivum wirkt. Die Untersuchungen von Gordon Gallup von der State University of New York ergaben, dass einzelne Bestandteile des männlichen Samens, unter anderem Hormone wie Testosteron, Östrogen und das follikelstimulierende Prolactin, stimmungsaufhellend wirken könnten.[21] Bisher wurde lediglich die Aufnahme dieser Stoffe mittels vaginaler Absorption untersucht. Es ist nur noch nicht ganz klar, was genau von welchen Hormonen in welcher Dosis bewirkt wird. Testosteron kann in Übermaßen zu einer Depression führen, aber umgekehrt in zu geringer Dosis ebenfalls. Dazwischen ist es vielleicht stimmungsaufhellend. Ob auch die orale Gabe antidepressiv wirken könnte, wurde noch nicht untersucht, auf dem Weg zum Hausmittel ist diese Therapie also noch nicht.

Lucy in the Sky with Diamonds

Diese Probleme haben Tiere wie die Grüne Bonellia nicht. Die Grüne Bonellia gehört zu den Igelwürmern, worunter man sich wahrscheinlich noch gar nichts vorstellen kann. Sie schaut ein wenig aus wie eine große Essiggurke, lebt im Meer und wird etwa einen halben Meter lang. Aber nur das Weibchen. Die Männchen sind so klein, dass sie lange für Parasiten auf den Weibchen gehalten wurden, nämlich nur circa ein bis zwei Millimeter. Die Bonelliaweibchen verfügen weder über Augen, Nase noch Ohren, und bei der Befruchtung verschlucken sie die Männchen zur Gänze. Bis zu 85 Stück wurden schon gezählt, die irgendwo im Igelwurmweibchen ihr Sperma auf die Eier spucken, weil sich bei den Männchen nämlich die Speiseröhre zum Samenleiter umgewandelt hat.[22] Und das ist noch nicht alles. Die Jungen kommen geschlechtslos auf die Welt, und dann erst entscheidet sich ihr weiteres Schicksal. Werden sie von einer Strömung weggetrieben von der Mutter, dann werden riesige Weibchen aus ihnen, kommen sie mit der Haut eines Weibchens in Kontakt und bleiben dort haften, dann entwickeln sie sich zu winzigen Männchen.

Die Vorstellung eines allmächtigen Schöpfers ist nur einer von vielen Gründen, warum die Hypothese des *Intelligent Design* nicht besonders attraktiv ist. Und wenn sich dieser Schöpfer noch dazu Tiere wie die Grüne Bonellia ausgedacht hat, dann hat er entweder eine extrem blühende Fantasie und einen guten Schmäh und kann die grimmige Gerichtsbarkeit, die ihm zugeschrieben wird, keinesfalls seriös ausführen, oder er hat ein ernsthaftes Drogenproblem. Dann hatte er zum Zeitpunkt der Erfindung möglicherweise mehr als nur eine illegale Substanz in seiner Blutbahn. (Wobei natürlich fraglich ist, ob für einen allmächtigen Gott irdische Gesetze überhaupt gelten.)

Welche Drogen müsste man nehmen, um sich so etwas auszudenken? Als Erstes fällt einem da LSD ein. Der Klassiker unter den halluzinogenen Drogen. Vielleicht in Tateinheit mit 3,4-Methylendioxy-N-methylamphetamin aka MDMA aka Ecstasy, was manchmal auch als Candyflip bezeichnet wird. LSD verändert die Wahrnehmung, und Ecstasy sorgt für den Rausch. Bei den Halluzinationen, die sich laut Zeugenberichten dabei einstellen, kann leicht auch eine Grüne Bonellia dabei sein.

LSD hat als Droge einen relativ guten Ruf, vermutlich vor allem aus zwei Gründen. Zum einen besitzt LSD ein vergleichsweise geringes Abhängigkeitspotenzial. Man muss sich allerdings ein wenig Zeit nehmen für die Einnahme und deren Folgen. Die Wirkung hält immerhin zwischen fünf und zwölf Stunden an, wenn man Pech hat auch lebenslänglich. Nicht nur weil es sich um eine illegale Substanz handelt, sondern weil man, salopp ausgedrückt, auf einem Trip hängen bleiben kann.[23] Die Phänomene dieses Zustandes wiederholen sich dann in einer Endlosschleife, und manche Personen berichten von immer wiederkehrenden Flashbacks*. Man ist währenddessen in der Regel verkehrs- und arbeitsunfähig.

* Im Drogenkontext gilt die Bezeichnung Flashback heute als informell, wissenschaftlich unpräzise und veraltet, man spricht von Persistierenden Wahrnehmungsstörungen beziehungsweise von HPPD.[24]

LSD eignet sich daher nicht zum Aufputschen wie Ecstasy oder Speed oder zur leichteren Bewältigung des Alltagsstresses wie Nikotin, Koffein oder Kokain. Zum anderen war LSD zu Beginn seiner Karriere eine Zeit lang legal, und es ranken sich aus dieser Epoche des Rauschmittels viele fantastische Erzählungen, die unter Weglassung der unangenehmen Erlebnisse mythische Überhöhung erfahren haben. Ein Beleg dafür ist die ungebrochene Lust mancher Menschen, scheinbares Geheimwissen zu tradieren, indem sie den Beatles-Hit „Lucy in the Sky with Diamonds" als codiertes LSD-Verherrlichungslied identifizieren.*

FACT BOX | *Halluzinogene*

Die Halluzinogene werden in drei Hauptgruppen unterteilt. Die Psychedelika umfassen LSD, Psilocybin und Mescalin. Die Dissoziativa bestehen aus den Ketaminen, PCP und dem Lachgas, und zu den Delirantia zählen das Scopolamin und das Muscimol.

Bei den Psychedelika werden die Serotoninrezeptoren aktiviert. Dadurch können Synchronisationsmuster, die normalerweise nur im hinteren Bereich des Gehirns (Unterbewusstsein) für eine Aktivität sorgen, ebenfalls im präfrontalen Cortex (im Stirnhirn) Halluzinationen auslösen. Zusätzlich kommt es zu einer erhöhten Ausschüttung von Noradrenalin. Dadurch glauben manche, von Transzendenz durchdrungen zu sein und spirituelle Erfahrungen zu machen. Die Ursachen dafür sind unbekannt. Für eine uns nicht zugängliche, materielle Gegenwelt fehlt bis heute allerdings jeder Beleg.

Bei den Dissoziativa werden die nikotinischen Acetylcholinrezeptoren blockiert. Was dies im Gehirn im Detail bewirkt, ist ebenfalls nicht bekannt. Die Delirantien führen zu Verwirrtheit, Unruhe und Amnesien. Probleme ergeben sich dadurch, dass die Personen zwischen Halluzinationen und Realität nicht mehr unterscheiden können. Manche glauben dann, zu fliegen …

* Der Titel geht auf eine Zeichnung von John Lennons Sohn Julian zurück, der in ihr seine Kindergartenfreundin Lucy verewigt hatte.

Bei Tieren wirkt LSD ähnlich wie bei Menschen, abgesehen von den Tieren, die auch ohne Drogen fliegen können. Wobei interessant wäre, was sich ein flugfähiger Vogel auf LSD denkt, wenn er sich einbildet, er könne fliegen. „Cool, ich kann gehen"?

Spinnen bauen unter Einfluss psychoaktiver Substanzen ganz verschiedene Netze, aber alle anders als in nüchternem Zustand. Der Zieleinlauf in alphabetischer Reihenfolge:

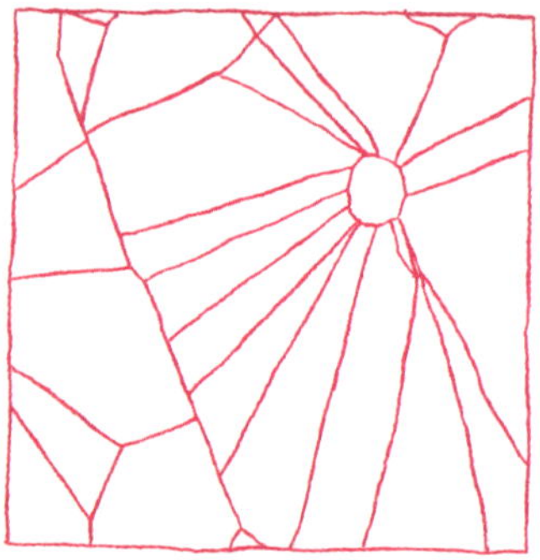

Chloralhydrat (Schlafmittel): Das Netz sieht anfangs noch manierlich aus, dann schläft die Spinne langsam ein.

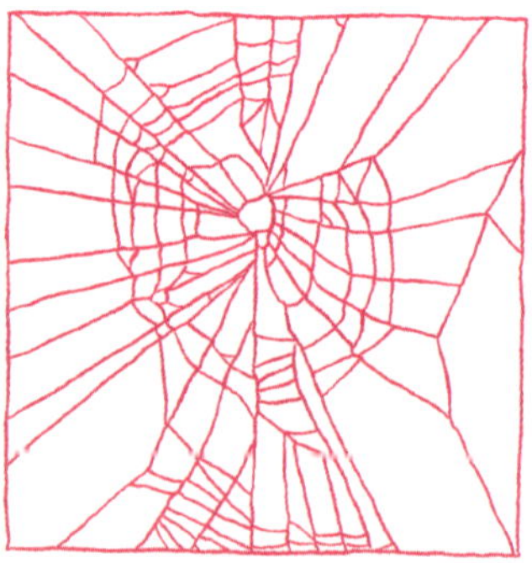

Ecstasy: Die Spinne legt schnell los, geht aber völlig planlos vor, während große Löcher im Netz klaffen.

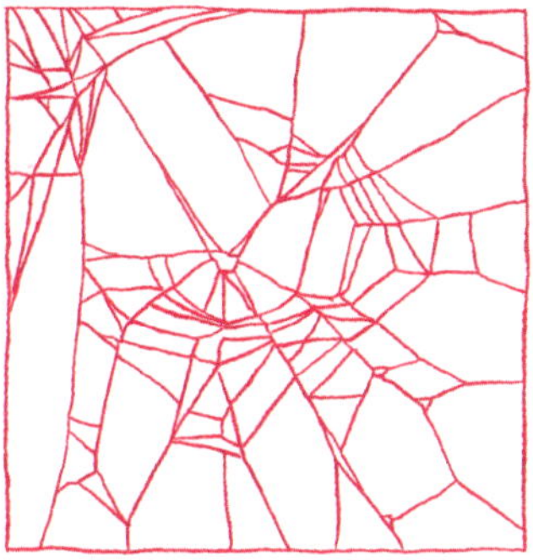

Koffein:
Dem Tier fehlt der Bauplan, dieser Stoff scheint die Spinne massiv zu verstören.

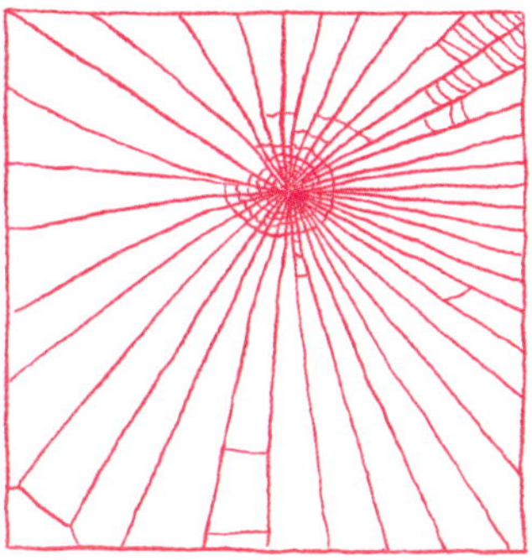

LSD:
Es steht zwar bald die Grundstruktur, aber die Querverbindungen fehlen fast völlig.

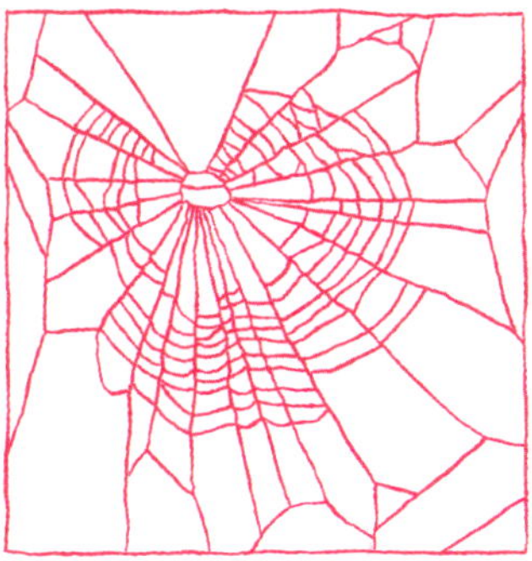

Marihuana:
Die Spinne beginnt ambitioniert, lässt aber dann stark nach, und das Netz bleibt halb fertig.

Ob die Spinne ihr halb fertiges Spliffnetz über die Maßen lustig findet, ist nicht bekannt, auch nicht, ob sich danach Heißhunger einstellt. Den haben manche Spinnenarten aber auch ohne Drogenmissbrauch, nämlich während der Paarung. Das australische Rotrückenspinnenweibchen etwa beginnt mit dem Verspeisen ihres Sexualpartners noch während des Koitus. Das Männchen kommt gut gelaunt zur Spinne und macht einen Purzelbaum. Leider direkt ins Maul der Spinnerin. Die denkt sich: „Toll, ein Mann, der im Haushalt mithilft." Sie nimmt die Einladung zum Candle-Light-Dinner in zwei von drei Fällen vollständig an und verspeist das Männchen mit Haut und Haar, während dieses gleichzeitig versucht, möglichst viel Sperma in den Samentaschen des Weibchens unterzubringen. Kurioserweise bringt das für beide Vorteile: Das Weibchen wird, während es mit dem Verspeisen des Männchens beschäftigt ist, länger begattet, muss danach nichts einkaufen gehen, weil der Hausbesuch auch der Zustelldienst war, und kann sich gleich um den Nachwuchs kümmern.

Und das Männchen erhöht durch seine Umwidmung zur Brotzeit die Chancen, seine Erbanlagen in die Zukunft zu transferieren, enorm. Ein weiteres Mal gelingt ihm das natürlich nicht, aber durch die Lebensweise dieser Spinnen, die nur vereinzelt vorkommen, liegt für ihn die Wahrscheinlichkeit, in seinem Leben überhaupt eine Geschlechtspartnerin zu finden, ohnedies nur bei 20 Prozent.

Bevor man also als Jungspinne stirbt oder erst steinalt ein Weibchen findet, das dann auch noch viel größer ist, kann man sich auch gleich fressen lassen. Braucht der Spinnenmann wenigstens nicht in die Rentenkasse einzahlen und kann immer alles gleich ausgeben.

Elefanten auf LSD reagieren ähnlich wie Spinnen. Lange dachte man, sie vertragen es überhaupt nicht gut. Denn der erste, von dem bekannt wurde, dass ihm LSD verabreicht wurde, ein Elefant namens Tusko, ist ziemlich umgehend nach der Gabe am 3. August 1962 im Zoo von Oklahoma verstorben. Danach wurde die Testreihe für 20 Jahre unterbrochen, bis Anfang der 80er-Jahre der amerikanische Psychiater Ronald Keith Siegel gleich zwei Elefanten auf LSD-Trips schickte. Warum er das machte und damit das Leben der beiden Elefanten gefährdete – immerhin hätte es ja sein können, dass Elefanten und LSD keine Freunde sind –, weiß niemand. Solche Versuche sind spektakulär und sinnlos. Die beiden Elefanten hatten allerdings Glück. Sie wurden nur träge, gaben seltsame Laute von sich, waren aber nach ein paar Stunden wieder nüchtern und überlebten ohne weitere Beschwerden. Warum der Elefant Tusko gestorben ist, weiß man trotzdem nicht, vielleicht war es ein blöder Zufall, Sie wissen schon, Synchronizität. Seit den 80er-Jahren ist die LSD-Forschung an Dickhäutern nicht weiterbetrieben worden, und das ist auch gut so.

Ob LSD nur eine Freizeitdroge bleibt oder eine Karriere als Medikament vor sich hat, wird man in den kommenden Jahren sehen. Momentan gibt es Indizien dafür, dass man Alkoholmissbrauch durch LSD in Griff bekommen könnte. Gibt man Personen, die stark abhängig von Alkohol sind, LSD, dann haben sie ein bedeutend geringeres Verlangen nach Alkohol. Je größer die Gabe von LSD ist, umso stärker ist der beobachtbare Effekt. Warum das so ist, ist unbekannt. Und die Forschung wird erst zeigen, ob man hier den Teufel mit dem Beelzebub austreibt.

Fly, Robin, Fly

Mit einer LSD-Therapie wird man sexuell ausgehungerten Fruchtfliegenmännchen also noch keine Hoffnung machen können. Die gehen nämlich, ähnlich wie ihre frustrierten menschlichen Pendants, gerne zum Wein, wenn es mit den Frauen nicht so klappt. Das zumindest ergab eine Studie von Galit Shohat-Ophir und seinem Team von der University of California in San Francisco mit dem prosaischen Titel: *Sexual Deprivation Increases Ethanol Intake in Drosophila*.[25]

Man brachte die Fliegenmännchen in Stimmung, aber nicht durch Hochglanzmagazine oder XXX-Movies, sondern durch Duftstoffe. Dann durften sie sich entweder mit einem Weibchen paaren, oder dieses hatte gerade keine Lust. Nicht weil das Gegenüber schon eine Fahne hatte, sondern weil das Weibchen bereits begattet worden war. Mit Händen und Füßen wehrten sich die Weibchen, erfolgreich, gegen die Annäherungsversuche. Das blieb nicht ohne Folgen. Den Männchengruppen wurde anschließend eine Jause angeboten. Eine war mit Ethanol versetzt, also mit Alkohol, die andere nicht. Und wie in einem schlechten Witz spazierten die frustrierten Männchen eher zum Schnaps, und die befriedigten eher nicht. Das, was man auf jedem Studentenheimfest beobachten kann, gibt es jetzt also auch schriftlich: Eine Zeit lang bleibt das Trinkverhalten aller männlichen Partygäste einigermaßen im Rahmen, aber wer ab einem bestimmten Zeitpunkt zu fortgeschrittener Stunde keine Sexpartnerin gefunden hat, der greift hemmungslos zum Alkohol. Das änderte sich, zumindest bei den Fliegen, wenn die bis dahin zurückgewiesenen Männchen wieder mit paarungsbereiten Weibchen Umgang bekamen. Sofort gingen die Männchen duschen, Zähne putzen und versuchten wieder, als nüchterne Zeitgenossen an der Evolution teilzunehmen. Bildlich gesprochen natürlich. Weiß man, warum? Nein. Aber es gibt eine Vermutung. Denn Sex wie auch Alkohol wirken auf das Belohnungssystem im Gehirn. Und nach sexueller Aktivität wird im Gehirn viel Neuropeptid F ausgeschüttet. Neuropeptide sind Botenstoffe, die vom Gehirn ausgeschüttet werden und im Körper verschiedene Aufgaben anfeuern oder hemmen, etwa für Stimmungsaufhellung sorgen oder für Schmerzunempfindlichkeit bei Schock. Bei der männlichen Fruchtfliege sorgt das Neuropeptid F nach dem Sex möglicherweise für Zufriedenheit, denn ohne Sex hat es weniger davon. Nach Alkoholkonsum wieder mehr. Wenn man bei Männchen, denen die Paarung verweigert worden war, die Ausschüttung des Neuropeptids künstlich anregte, blieben sie dem Alkohol in der Regel fern.

Geht das auch beim Menschen? Grundsätzlich haben auch wir Neurotransmitter, aber wie so oft lassen sich Ergebnisse aus Tierversuchen natürlich nicht so einfach auf den Menschen umlegen. Denn eine Fruchtfliege ist sehr klein, im Vergleich zu einem Menschen sogar extrem klein, und funktioniert neuronal entsprechend schlichter. Sie hat ja auch viel weniger Lebenszeit, um Problemlösungskompetenz zu erwerben.

Deshalb greift sie zu drastischen Mitteln, um ihre Gene sicher in die nächste Runde zu bringen. Sie injiziert dem Weibchen gleichzeitig mit dem Ejakulat ein Protein, das dafür sorgt, das die Weibchen nach erfolgreicher Samenablage (die Weibchen nehmen in der Regel mehrere Samenpakete entgegen und befruchten dann nach Vorselektion selber) deutlich an Lust verlieren, sich weiter zu paaren, und die Eiproduktion hochfahren, wodurch sie auch nicht mehr so viel Kapazität für eine weitere Paarung haben. Das Protein dürfte sich im Schwanz des Spermiums befinden, weshalb Fruchtfliegen ungewöhnlich große Spermien herstellen, manche Arten sind selber nur drei Millimeter groß und produzieren knapp sechs Zentimeter lange Spermien. Das heißt, wenn die sexuelle Annäherung erfolgreich war, dann könnte das Männchen eigentlich beruhigt zum Schnaps gehen. Und hier kommt es dann doch zu einer Analogie zum Menschen. Wenn Frauen ein Kind von einem Alkoholiker haben, dann tun sie sich im Weiteren bei der Partnersuche mitunter schwerer, weil sie damit rechnen müssen, dass der trunksüchtige Vorgänger des nächsten Partners jederzeit vor der Haustüre stehen und Ansprüche als Vater anmelden kann.

Ein Belohnungszentrum haben aber beide, Fruchtfliege und Mensch, und es spielt bei der neurowissenschaftlichen Erklärung unserer Süchte eine wesentliche Rolle.

FACT BOX | *Sucht*

Viele Menschen haben ein Problem mit Süchten. Rauchen, die Lust auf Schokolade, Putzfimmel, Glücksspiel oder auch das Verlangen nach harten Drogen wie Heroin oder Opiaten können das Leben zwar anfänglich versüßen. Man darf bloß nie vergessen, dass das Leben in der Abhängigkeit zur Hölle

werden kann. Nicht nur für die Süchtigen, sondern auch für ihr Umfeld.
Bei den Süchten wird zwischen substanzabhängigen und verhaltensabhängigen Süchten unterschieden. Bei den Substanzen ist die Sache klar, dabei handelt es sich um klassische Drogen wie Kokain, Heroin, Nikotin, Opium oder auch Alkohol. Schwieriger ist es bei Süchten, die unabhängig von Substanzen auftreten, wie zum Beispiel die Spielsucht oder auch die Putzsucht. Hier muss man die Sucht klar abgrenzen von Zwangsstörungen beziehungsweise Zwangshandlungen.
Ein typisches Beispiel für Letzteres ist der Waschzwang. Personen leiden unter der Angst, Schmutz, Staub, Exkremente oder Keime könnten die Haut berühren und möglicherweise Erkrankungen verursachen. Vereinfacht kann man sagen, der Gedanke „Keime verursachen Krankheiten" macht sich selbständig.
Dämpfende Gedanken wie „Nicht alle Keime sind gefährlich" oder „Das muss mein Immunsystem aushalten" kommen nicht auf oder haben viel zu wenig Einfluss. Das führt zur Zwangshandlung. Personen können nicht anders, als sich die Hände so lange zu waschen, bis die Haut Schaden nimmt. Es handelt sich hierbei aber deshalb nicht um eine Sucht, weil es zu keinem Rausch und keiner Befriedigung kommt. Diese Art der Störung tritt häufig gemeinsam mit Phobien oder Panikstörungen auf. Als Behandlung ist eine Psychotherapie zusammen mit einer Medikation von hoch dosierten Antidepressiva das Mittel der Wahl – damit kann man zumindest die gröbsten Probleme in den Griff bekommen. Eine lebenslange Heilung ist im Moment bei schweren Fällen leider nicht möglich.
Im Gegensatz dazu kommt es bei Verhaltenssüchten wie Arbeitssucht, Kaufsucht, Sportsucht, Sexsucht, Internetabhängigkeit oder Fettsucht zu einem freudigen Erlebnis bei Befriedigung der Sucht. Dadurch werden Ängste, Frustrationen oder Stress verdrängt. Können abhängige Personen ihre Sucht nicht befriedigen, dann führt das einerseits zu Entzugserscheinungen und andererseits zumindest zu depressiven Verstimmungen. Diese Verhaltenssüchte sind mit den „klassischen" Süchten gleichzusetzen. Unter Sucht versteht man per definitionem das krankhafte Verlangen nach einer Substanz oder einem Verhalten, auch wenn diese Substanz oder dieses Verhalten eine schädigende Wirkung zeigt, wobei charakteristischerweise nur eine kontinuierliche Steigerung der Dosis das befriedigende Erlebnis aufrechterhalten kann.

Wie kommt es zur Sucht?
Der zentrale Bereich für Sucht ist das Belohnungssystem im Gehirn. Es wurde entdeckt, indem man Ratten Elekt-

roden im Kopf implantierte. Betätigten die Ratten einen Schalter, wurden die Elektroden unter Strom gesetzt. Das gefiel den Ratten offensichtlich, sie vergaßen sogar Essen und Trinken und widmeten sich nur noch der Selbststimulation durch die Elektroden.

Man könnte sagen, sie wurden süchtig nach einem Dauerorgasmus durch Strom. Wichtig war, dass die Elektroden einen von zwei Bereichen aktivierten: entweder den Nucleus accumbens oder die Area tegmentalis ventralis. Werden diese beiden Bereiche im Gehirn aktiviert, dann geht die Post ab, dann kommt es zu einer massiven Ausschüttung von Dopamin. Und zwar in einem Bereich der Großhirnrinde hinter der Stirn, den man präfrontalen Cortex nennt. Dort wird berechnet, was in den nächsten Minuten, Stunden oder auch Tagen passieren wird. Das ist wichtig, um unser Handeln planen zu können. War die Berechnung richtig, gehen wir zur Tagesordnung über, es passiert nichts.

Ist das Ergebnis aber besser als vorausberechnet, so wird ein Bereich des präfrontalen Cortex aktiv, der das Belohnungssystem aktiviert. Dieses beginnt salopp formuliert zu jubeln und schüttet Dopamin aus. Aber nicht in sich selbst, sondern in den präfrontalen Cortex. Der wird quasi für sein Handeln belohnt. Warum? Die Neuronen, die gerade besonders aktiv waren, also die Neuronen, die an einer besonders tollen Handlung beteiligt waren, sollen diese Handlung auch in Zukunft durchführen. Das erreicht man dadurch, dass die Synapsen zwischen diesen Neuronen im gesamten präfrontalen Cortex verstärkt werden.

Das ist das Erfolgsrezept von Drogen. Sie greifen samt und sonders ins Belohnungssystem ein. Und das Spektakuläre daran ist, dass sich fast augenblicklich die Struktur unseres Gehirns ändert. Während wir noch glauben, Genussraucher zu sein und den Rauschmittelkonsum im Griff zu haben, hat sich unser Gehirn bereits massiv verändert. Alle Verbindungen der Neuronen, die an dem Suchtverhalten beteiligt waren, wurden verstärkt. Und je größer die Verstärkung ausfällt, umso süchtiger macht der Stoff.

Verstärkte Verbindungen zwischen Neuronen führen, wie wir von Seite 55 wissen, dazu, dass diese Neuronen das nächste Mal leichter aktiv werden können. Das erleichtert uns einerseits das Denken, was gut ist, verstärkt aber andererseits auch Suchtverhalten und erschwert damit die Therapie. Was gemeinhin und zu Recht als Nachteil empfunden wird.

Binge-Drinking auf Malaiisch

Wie so oft können manche Tiere etwas besser als wir Menschen. Im folgenden Fall steht das Spitzhörnchen aus Malaysia in der Auslage. Was hat es Schönes für uns vorbereitet?

Das Federschwanz-Spitzhörnchen ist rund zehn bis 14 Zentimeter groß, besitzt einen rund 15 bis 20 Zentimeter langen Schwanz, lebt auf der Malaiischen Halbinsel, auf Sumatra und in Teilen Borneos und kann unheimlich viel Alkohol trinken. Würde es um die österreichische Staatsbürgerschaft ersuchen, bräuchte es als Schlüsselkraft vermutlich nicht viel länger zu warten als ein Fußballer. Diese Tiere trinken jede Nacht eine Art Palmbier. Der Blütennektar der Bertam-Palme fermentiert und besitzt dann einen Alkoholgehalt von rund 3,8 Prozent. Die Hörnchen zechen täglich rund zwei Stunden, ohne allerdings unter den Folgen des Alkoholkonsums zu leiden. Keine Orientierungslosigkeit, keine Probleme mit der Schwerkraft, kein Erbrochenes am Hosenbein. Untersucht man die Haare der Tiere, dann kann man feststellen, dass sie wirklich viel Alkohol trinken, dieser aber sehr schnell im Körper abgebaut wird, viel schneller als bei uns. Leider können wir uns mit dem Federschwanz-Spitzhörnchen nicht kreuzen und so trinkfeste Menschen herstellen, die auch nach jedem Zeltfest noch Autofahren könnten und dürften. Quasi der Prototyp eines Landbürgermeisters. Weil der Mensch aber nicht umsonst den Kampfnamen Homo sapiens trägt, ist es nur eine Frage der Zeit, bis wir den Spitzhörnchen ihr Geheimnis entrissen haben werden. Zwei Wege, die nicht zum Erfolg führen dürften, sind erstens, viele Spitzhörnchen aufschneiden und nachschauen, und zweitens, unsere eigene Leber noch einmal ins Kreuzverhör nehmen, weil beim Abbau von maximal 0,2 Promille Blutalkohol pro Stunde offenbar noch reichlich Luft nach oben ist.

Des Rätsels Lösung dürfte, wie so oft beim Menschen, im Gehirn zu finden sein. 1984 waren wir Menschen schon einmal knapp so weit wie das Spitzhörnchen, aber leider nur knapp. Die Schweizer Pharmafirma Hoffmann-La Roche hat im sogenannten Orwell-Jahr eine Substanz entwickelt, die alle negativen Wirkungen von Alkohol schlagartig aufheben kann. Am Anfang dachten alle Beteiligten, ein Traum würde Wirklichkeit, sie hätten eine unerschöpfliche Goldader entdeckt, Freibier für alle!

Stellen Sie sich vor, Sie sind sturzbetrunken, nehmen Ro 15-4513, so der Name der Substanz, und nach ein paar Minuten fühlen Sie sich wieder topfit, kein Tunnelblick, keine Enthemmung, kein Rausch, keine Verhaltensprobleme, kein Torkeln, Lallen und Taumeln. Und all das, obwohl sich der Alkoholspiegel im Blut nicht verändert hat. Sie sind, wenn man Ihrem Blut glaubt, noch immer blunzenfett, wie man in Österreich derartige Zustände gerne in Anspielung auf den hohen Lipidgehalt der trotzdem als Delikatesse geltenden Blutwurst bezeichnet. Leider lassen sich mit Ro 15-4513 die schädigenden Wirkungen des Alkohols auf Kreislauf und Körper nicht vermeiden. Das heißt, wer Ro 15-4513 nimmt, bleibt zwar äußerlich nüchtern, aber nur bis zur plötzlichen Alkoholvergiftung. Deshalb ist das Mittel niemals bis zur Marktreife entwickelt worden, weil man, laut Statement der Firma Hoffmann-La Roche, mit einer „Substanz, welche die

Symptome der Trunkenheit aufhebt, Alkoholsüchtige dazu verführen könnte, noch mehr zu trinken bis zum Exzess. Ro 15-4513 könnte also langfristig den Alkoholverbrauch sogar fördern, statt ihn zu reduzieren."

Die in diesem Fall ethisch saubere Einstellung der Firma Hoffmann-La Roche ist dem Japanischen Rosinenbaum offenbar egal. Er produziert eine ganz spezielle Substanz: das Flavonoid Dihydromyricetin, kurz DHM. Diese Substanz dürfte die Wirkung des Hangovers weitgehend aufheben. Forscher der University of California in Los Angeles injizierten den Versuchstieren beträchtliche Mengen Alkohol. Ein Mensch müsste etwa zweieinhalb Liter Wein trinken, um denselben Effekt zu erzielen. Wären die Ratten Wiener gewesen, man hätte sie idiomatisch als angsoffen wiera Häusltschick bezeichnen können, indem man ihre Intoxikation in Anlehnung an die Saugfähigkeit einer in einem von Reinigungskräften vernachlässigten öffentlichen Abort in der Pissoirmuschel liegenden Zigarettenkippe zu beschreiben versucht hätte.

Die normal betrunkenen Ratten gingen wie gewohnt k.o. und waren für eine Stunde nicht ansprechbar. Die mit DHM behandelten Ratten hingegen zeigten nur sehr kurz Zeichen der Betrunkenheit, waren nach ein paar Minuten praktisch wieder nüchtern und litten kaum unter Kater-Symptomen. Darüber hinaus verloren sie mit der Zeit, obwohl sie ungehinderten Zugang zu (mit DHM versetztem) Alkohol hatten, die Lust am Saufen. Auch dann, wenn sie davor extra süchtig gemacht worden waren.

Angeblich haben schon die alten Chinesen den Extrakt des Japanischen Rosinenbaums gegen Kater geschätzt, wobei man da bei der Beurteilung immer auch vorsichtig sein muss, denn die genaue Ursache für die Wirkung ist noch nicht bekannt, und DHM hat sich bislang erst bei Ratten bewährt.[26] Eine umfassende Weinprobe mit uns Menschen steht noch aus.

Die Epiphanie deſ Fußeſ

Eine der fundamentalen, unbeantworteten Fragen der Menschheit lautet: Warum hilft es, einen Fuß aus dem Bett auf den Boden zu stellen, wenn man betrunken im Bett liegt und sich alles im Kreis zu drehen scheint?

Alle Heiligen Bücher der Welt haben hierfür keine Erklärung und sind, ganz nebenbei erwähnt, auch sonst ziemlich nutzlos. Dieses Buch ist keine Heilige Schrift, aber es beinhaltet Wahrheit. Wer es fassen kann, der fasse es.

Hat man zu viel getrunken und legt sich schließlich ins Bett, kann es sein, dass sich alles rundherum zu drehen beginnt. Zumindest kommt es einem so vor, was die Übelkeit, die man ins Bett mitgebracht hat, in der Regel noch verstärkt. Durch den Alkohol werden einige Systeme in Gehirn ausgeschaltet beziehungsweise funktionieren nicht mehr so richtig. Das Gleichgewichtssystem erhält seinen Input normalerweise von mehreren Sensoren: Das Innenohr informiert über die Lage, das Auge gleicht die Information ab und die Tastrezeptoren bestätigen die Information über die Position. Wenn wir betrunken sind, fällt die Information vom Innenohr aus. Legen wir uns nieder, so schließen wir die Augen. Damit weiß das Gehirn nicht mehr, wo wir sind – alles dreht sich. Stellen wir aber den Fuß auf den Boden oder legen wir die Handfläche auf eine Wand, dann stabilisiert sich alles. Das Gehirn hat nun zumindest wieder eine klare Information, mit der es etwas anfangen kann, die nicht durch den Alkoholkonsum beeinflusst wurde. Das Bein am Boden ist also ein Rettungsanker, nicht nur im übertragenen Sinn. Manche Menschen meinen, sie würden dadurch bremsen, denn schließlich höre das Drehen dann auf. Das stimmt, aber die Bremse befindet sich nicht am Boden, sondern im Kopf.

Mouse Clubbing

Manche Menschen beginnen laut zu singen, wenn sie betrunken sind. Dass die Ratten im kalifornischen Forschungslabor auch gesungen haben, ist nicht anzunehmen, denn nach allem, was wir wissen, können sie es nicht. Bei Mäusen ist die Wahrscheinlichkeit höher, denn Mäuse gelten als hervorragende Sänger.

Dass Vögel singen, weiß jeder, der im Sommer gerne bei offenem Fenster schläft, und von Walen, vor allem Buckelwalen, ist auch schon länger bekannt, dass sie Melodien schmieden und ihre Arien ausdauernd schmettern. Es gibt sogar Sommerhits bei Buckelwalen.[27] Jedes Jahr singen die Bullen, die um Weibchen werben, ein bisschen anders. Sich daneben hinstellen und zuhören sollte man allerdings nicht, Buckelwale singen mit bis zu 200 Dezibel, und das ist, wie wir seit dem Pistolenkrebs wissen, sehr laut.

Der Gesang der Mäuse ist viel dezenter. Eigentlich derart dezent, dass wir ihn normalerweise gar nicht hören können, weshalb man auch erst sehr spät belegen konnte, dass Mäuseriche singen.[28] Mäusemännchen tremolieren im Ultraschallbereich natürlich Liebeslieder, angetörnt vom Uringeruch der Weibchen. Die Napoleon Bonaparte zugeschriebene Aufforderung an seine Frau Joséphine „Wasch Dich nicht mehr, ich komme bald zurück“ wäre in der Mäusewelt vermutlich ein guter Titel für einen Welthit.

Ein Forscherteam der Veterinär Universität Wien konnte Anfang 2012 sogar feststellen, dass Mäuse individuell schmachten und dass die Umworbenen die Lieder zuordnen können. Sie können unterscheiden, ob die Musik von Verwandten kommt oder von fremden Mäusen.[29]

Letzte Runde

Mäusemännchen beginnen nicht erst zu singen, wenn sie langsam betrunken werden, sie singen stocknüchtern. Die brauchen keine Rauschmittel zur Sangesfreude, sie können quasi auch ohne Alkohol lustig sein.

Unter anderem der Erfolg der Naturwissenschaften hat die Lebenserwartung der Menschen in den Industrieländern in den letzten 100 Jahren fast verdreifacht. Das führt dazu, dass Menschen länger leben und länger Drogen konsumieren können. Und das auch tun. In der Regel machen die meisten Menschen in ihrer Jugend erste Erfahrungen mit Drogen, aber der Durchrechnungszeitraum hat sich verlängert. Das heißt, die Anzahl der Jahre, in denen Menschen lebendig genug sind, um zu Rauschdrogen zu greifen, hat sich dramatisch erhöht. Die Drogen des Alters sind meist Medikamente und Alkohol. Durch die bessere medizinische Versorgung werden selbst Konsumentinnen und Konsumenten sogenannter harter Drogen deutlich älter als noch vor 20 Jahren.

Wer allerdings glaubt, noch früher sei diesbezüglich alles besser gewesen, der irrt: Bis Mitte des 19. Jahrhunderts war sauberes Wasser längst nicht überall Standard. In Asien begann man deshalb schon vor Jahrhunderten, Wasser abzukochen, um es keimfrei zu bekommen. Weil das aber nicht besonders gut schmeckte, aromatisierte man es mit Pflanzenblättern, woraus die Teekultur entstand.

In Ägypten und Europa entwickelte sich eine andere Tradition, deren Ausläufer noch heute an Samstagabenden in polizeilichen Planquadraten zu finden sind. Dort fing man an, Wasser durch alkoholische Gärung genießbar zu machen. Und auch an Wassers statt zu trinken. Aus gutem Grund. Noch im Jahr 1892 starben etwa in Hamburg 8.000 Menschen an Cholera, weil sie mit ungefiltertem Elbwasser versorgt wurden.[30] Bier- oder Mostsuppe waren fixer Bestandteil der Speisepläne, auch für Kinder.

Wenn zumindest leichte Daueralkoholisierung bis ins 19. Jahrhundert ein Massenphänomen war, kann man mit Fug und Recht sagen, die Aufklärung wurde von Spiegeltrinkern erfunden – und die war für die Menschheit ein Segen. Trotzdem kommen, seit die Aufklärung sich bei uns durchgesetzt hat, deutlich weniger Menschen in den Himmel. Oder ganz im Gegenteil deutlich mehr, je nachdem, wie man Himmel definiert.

KAPITEL V
HIMMEL UND HÖLLE

Als Neil Armstrong am 21. Juli 1969 als erster Mensch den Mond betrat, sprach er den berühmten Satz: „That's one small step for man...one...giant leap for mankind". Hinter ihm kam als *number two* in der Rangordnung Buzz Aldrin. Bevor er auf den Mond folgte, blieb er auf der Leiter der Landefähre noch ein paar Sekunden stehen, *went number one* und leerte seine Blase in den Urinbeutel. Für ihn war es nicht nur ein *small step*, sondern vermutlich auch ein giant leak.

Bevor es so weit war, dass sich Buzz Aldrin auf dem Mond erleichtern konnte, haben viele Tiere bei den Vorarbeiten zur ersten Mondfahrt geholfen. Die tierischen Pioniere im Weltall waren übrigens weder Hunde noch Affen, sondern Fruchtfliegen. Sie erinnern sich: Das sind die, die so gerne zum Schnaps gehen, wenn sie ihre gigantischen Samenzellen nicht widmungsgemäß abliefern können. Im Juli 1946 wurden sie mit einer V2-Rakete von White Sands, New Mexico, in eine Höhe von 109 Kilometern geschossen. Viel niedriger hätte es nicht sein dürfen, denn laut FAI (*Fédération Aéronautique Internationale*) beginnt das Weltall bei 100 Kilometern über der Erde – für die NASA allerdings schon bei 80 Kilometern, vielleicht, weil dort noch mit *feet* und *miles* gerechnet wird. Anders als andere Tiere nach ihnen überlebten die Fruchtfliegen unbeschadet und konnten ihren Kindern von dem Ausflug erzählen.[31] Was Fliegen während der Schwerelosigkeit eigentlich machen, ob sie überrascht feststellen, dass das Fliegen auch funktioniert, wenn man die Flügel nicht bewegt, ist nicht bekannt. Hätte es den Service damals schon gegeben, sie hätten es bestimmt getwittert.

Die beiden Affen Albert I. und Albert II. hatten weniger Glück als die Fruchtfliegen, sie kamen nicht lebend wieder auf die Erde zurück. Hätten sie ihre Flüge überstanden, wären sie zur Belohnung vielleicht als erste Säugetiere im Weltall geadelt worden. So hat Prinz Albert heute untenrum auf der Erde eine andere Bedeutung als das Andenken an die beiden glücklosen Rhesusäffchen.

Bevor dann die Hündin Laika berühmt wurde als erstes Tier, das die Welt umrundete, wurden noch Dutzende andere Tiere in den Weltraum geschossen. Allein die Sowjetunion schickte mindestens 15 Hunde voraus, von denen die meistens auch wohlbehalten zurückkehrten, bevor Laika startbereit gemacht und mit Sputnik 2 ins All geschickt wurde. Wobei nicht von vornherein geplant war, die Erde von einem Hund umkreisen zu lassen. Bei den ersten Hundeflügen ging es darum, zu testen, ob die Tiere die Beschleunigung aushalten oder ob es Probleme mit dem Luftdruck gibt etc. Das Ziel war eigentlich, Systeme für die neuen Überschallflieger zu probieren und zu entwickeln. Dass Laika dann zur Astronautin mit Mission wurde, liegt daran, dass Nikita

Chruschtschow nach dem Erfolg von Sputnik 1 unbedingt noch aufsehenerregendere Erfolgsmeldungen haben wollte. Allerdings stand von Anfang an fest, dass es sich um einen Flug ohne Wiederkehr handeln würde. Die Strapazen für das Tier bei einer Erdumrundung sind einerseits mit einem Flug ins Weltall hinauf und gleich wieder hinunter nicht zu vergleichen, andererseits war eine Landung der Raumkapsel mit Laika an Bord zu dem Zeitpunkt technisch noch gar nicht möglich. Sie ist daher schon nach wenigen Stunden an Stress und Überhitzung gestorben. Um davon abzulenken, ließ der sowjetische Chefkonstrukteur Sergei Koroljow ein Gerät einbauen, das regelmäßig EKG-Geräusche abgab und so eine noch tagelang lebende Laika vorgaukelte. Allein, es half nicht. Die USA waren nach dem Sputnik-Schock in großer Sorge, dass die UdSSR die Raumfahrt dominieren würde. Unter diesem Druck verdreifachten sie quasi über Nacht das Budget der National Science Foundation. Zudem wurde der Märtyrertod der Mischlingshündin in US-Medien publizistisch ausgeweidet, um von der eigenen Unterlegenheit abzulenken.

In der Sowjetunion war Laika lange Zeit nicht besonders berühmt, dort hatten sich stattdessen die beiden Hunde Belka und Strehlka ins kollektive Gedächtnis eingegraben: zwei vierbeinige Kosmonauten, die 1960 den Flug mit Sputnik 5 überlebten und in der UdSSR als Volkshelden vermarktet wurden. In einer patriarchalisch organisierten Welt wäre nach Sputnik 1, einem Test mit einer Sache, und Sputnik 2, einem mit einer Hündin, normalerweise als nächstes First eigentlich ein Testflug mit einer Frau an der Reihe gewesen, bevor man das Leben eines Mannes riskiert. Aber als Nächster war dann doch Juri Gagarin dran, der bekannt wurde als der erste Mensch, der im All die Erde umrundete.

Wenn man die Regelauslegung genau nimmt, stimmt das aber gar nicht. Laut den Richtlinien der Internationalen Luftfahrtföderation muss ein Astronaut im gleichen Fahrzeug wieder auf der Erde landen, mit dem er auch gestartet ist. Die Techniker der damaligen Sowjetunion hatten allerdings noch zu wenig Vertrauen in die Fallschirme und Bremsraketen der Landekapsel Wostok. So wurde in einer Höhe von rund 7.000 Metern ein Schleudersitz aktiviert und der „erste" Kosmonaut wurde aus der Kapsel herausgeschleudert. Er landete dann sicher in rund zwei Kilometer Entfernung von dem Landeort der Kapsel mit einem Fallschirm. Von dort aus ist er zu Fuß zum Landeort gelaufen. Er wurde dabei beobachtet, von einer Frau und ihrer Tochter. Denen wurde aber erfolgreich mitgeteilt, dass besser für sie sei, sie hätten nichts gesehen. Der Aufwand wäre nicht nötig gewesen, das Landesystem der Kapsel hätte funktioniert.

Die ersten Menschen, die auch während der Landung in der Kapsel blieben, starteten am 12. Oktober 1964, umrundeten 16-mal die Erde und entstiegen nach 24 Stunden und 17 Minuten wohlbehalten ihrem Gefährt. Es waren die sowjetischen Kosmonauten Wladimir M. Komarow, Boris B. Jegorow und Konstantin P. Feoktistow mit dem Raumschiff Woschod 1. Dazwischen durfte 1963 mit Valentina Tereshkova doch noch die erste Frau ins All, umrundete immerhin 48-mal die Erde und verbrachte damit mehr Zeit im All als alle US-amerikanischen Astronauten bis dahin zusammen. Aber die Regelauslegung war aus guten Gründen nicht zu streng, und so kann man Juri Gagarin guten Gewissens den Pionierflug um die Erde zuschreiben.

FACT BOX | *Warum fliegt eine Rakete?*

Es gibt zwei Möglichkeiten, sich fortzubewegen. Einerseits durch Reibung, andererseits durch den Rückstoß. Gehen, fahren oder fliegen wir, dann hilft uns die Reibung. Um voranzukommen, reiben wir uns an der Straße oder beim Fliegen an den Luftteilchen.

Bei einer Rakete funktioniert das Vorankommen ganz anders. Zur Anwendung kommt das Rückstoßprinzip, wobei sich die Rakete allerdings nirgends abstößt. Deswegen funktioniert es auch im Vakuum, wo es keine Luft gibt. Betrachten wir zunächst einen Luftballon, der aufgeblasen ist:

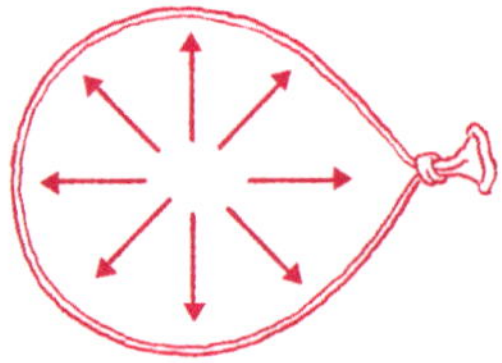

Im Inneren des Luftballons drücken die einzelnen Luftmoleküle auf die Ballonhülle. Der Druck ist überall, auf allen Seiten, gleich groß. Vorne und hinten genauso wie oben und unten. Öffnen wir nun den Ballon, so entsteht ein Ungleichgewicht.

Am offenen Ende des Ballons können die Teilchen entkommen, während die Teilchen am geschlossenen Ende immer noch nach vorne drücken. Die Teilchen, die zu den Seiten hin drücken, können wir vergessen, ihre Kräfte heben einander auf.

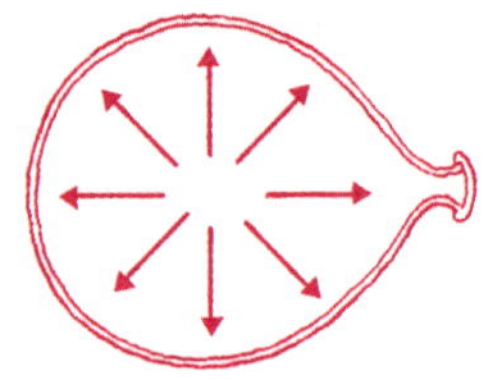

Hinten, bei der Öffnung, können die Teilchen also ausströmen, vorne drückt aber immer noch das Gas gegen die Wand. Letzteres verbleibt im Innern des Ballons und drückt ihn nach vorne.

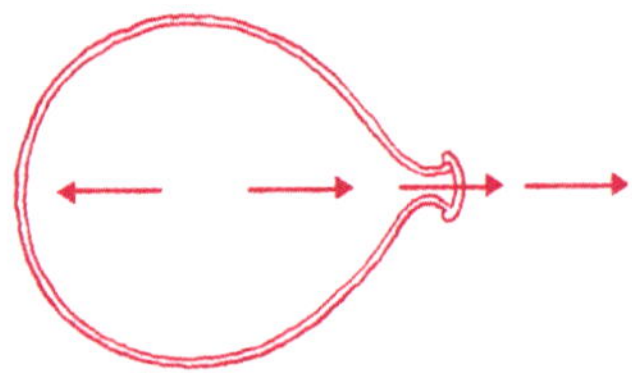

Bei einer Rakete funktioniert es genauso: Sie wird eigentlich nicht von den Teilchen angetrieben, die ausströmen, sondern von denen, die die Rakete im Inneren in die Höhe treiben. Ganz egal ob innerhalb der Atmosphäre oder im Vakuum des Weltalls. Und deshalb können wir mit Raketen zum Mond fliegen.

Obwohl die Raumfahrt heute nicht mehr so gefährlich ist und sich vor allem auf unbemannten Flügen richtiggehend Routine eingestellt hat – allein die europäische Raumfahrtbehörde ESA hat seit 1996 mehr als 37 Trägerraketen vom Typ Ariane 5 gestartet –, geht ab und zu noch etwas schief. Anfang 2012 war es wieder einmal so weit. Ziel war diesmal der Mars. Der sogenannte Rote Planet beflügelt die Fantasie der Menschen seit Jahrtausenden. Die Wissenschaft bemüht sich sehr, mehr über ihn zu erfahren und letztlich Menschen auf den Mars zu schicken. Bis vor Kurzem gab es sogar Hoffnung, auf dem Mars Leben zu entdecken. Und wenn es dort Leben gäbe, dann könnte es vom Mars zu uns gelangt sein, dann wären wir alle Marsianer! Auf dem Mars wurde zum einen Wasser entdeckt – in Form von im Boden eingelagerten Wassereisschichten, die bis in eine Tiefe von etwa vier Kilometern reichen und eine Fläche in der Größe Europas bedecken. Das würde ausreichen, um die gesamte Marsoberfläche mit einer elf Meter tiefen Wasserschicht zu überziehen. Zum anderen fand man 2003 aber auch Methan, das immer wieder in riesigen Fahnen aus der Marsoberfläche hervorsprüht. Auf der Erde ist das Vorhandensein von Methan ein starkes Indiz für die Existenz von Leben. Methan ist ein Verdauungsprodukt, und wer verdaut, der lebt. Stammte das Marsmethan von Bakterien, die unterirdisch den Mars besiedeln, so hätte die Menschheit tatsächlich außerirdisches Leben entdeckt. Und zwar nur deshalb, weil Bakterien ihre Blähungen nicht im Griff haben. Sie sehen, Astrobiologie ist nichts für Romantiker. Leider hat sich Mitte 2012 herausgestellt, dass das Methan von Meteoriten stammt, die in schöner Regelmäßigkeit auf dem Mars einschlagen und verdampfen.[32] Höchstwahrscheinlich. Eine kleine Chance bleibt noch, und die einzulösen wäre der Auftrag von Fobos-Grunt gewesen. Unglücklicherweise hat die Rakete aber gewissermaßen beim Absprung übertreten. Die russische Mission Fobos-Grunt (Grunt bedeutet auf Russisch Boden) war am 8. November 2011 gestartet und hätte nach elfmonatiger Reise den Marsmond Phobos erreichen sollen. Sie schaffte es aber bloß in eine Umlaufbahn um die Erde in der Höhe von 200 bis 300 Kilometern, weil der Bordcomputer die Raketen, die für den Weiterflug zum Mars benötigt wurden, aufgrund eines Softwarefehlers nicht zündete.

Warum war eigentlich nur der Marsmond das Ziel? Warum flogen die Russen nicht gleich zum Mars, wenn sie schon mal in der Gegend waren? Weil die Fluchtgeschwindigkeit von Phobos im Gegensatz zu der vom Mars nur sehr gering ist. Die Fluchtgeschwindigkeit beschreibt die Geschwindigkeit, die man aufbringen muss, um einen Himmelskörper wieder zu verlassen, also seine Schwerkraft zu überwinden. Je geringer die Masse des Himmelskörpers, desto geringer die Schwerkraft, desto leichter fällt die Abreise. Das ist entscheidend, denn Weltraummissionen brauchen viel Energie. Man kann unterwegs aber nirgends tanken. Deshalb ist es geschickt, wenn man sich einen Landeplatz aussucht, von dem man auch wieder wegkommt. Und Phobos ist so ein Landeplatz. Der Marsmond hat nur einen Durchmesser von etwa 20 Kilometern. Entsprechend gering ist dort auch die Schwerkraft. Um zu landen und wieder zu starten, bräuchte man wesentlich weniger Energie als beim Mars. Die Fluchtgeschwindigkeit beträgt nur 40 Kilometer pro Stunde. Also alles Ortsgebiet.

Wenn man auf Phobos ein Moped hätte und eine Rampe, dann könnte man mit Vollgas dem Gravitationsfeld entkommen. Das russische Moped Fobos-Grunt hätte auf Phobos Proben entnehmen und sie zur Erde zurückbringen sollen, was ein gewaltiger Fortschritt für die Weltraumforschung gewesen wäre. Bedauerlicherweise stürzte das Raumschiff aber nach circa 1.100 Erdumrundungen in 69 Tagen am 15. Jänner schon wieder ab. Auf die Erde.

Das weiß man sicher. Aber kurioserweise nicht, wohin. Jedoch nicht, weil 40 Kilometer pro Stunde zu langsam fürs Radar sind – zudem war das Raumschiff zum Absturzzeitpunkt deutlich schneller unterwegs. Fobos-Grunt war auch nicht besonders klein, sodass man es hätte übersehen können. Mit 13 Tonnen Gewicht war es sogar riesig. Und dadurch, dass nur die erste Antriebsstufe gezündet wurde, war noch ein Großteil des Treibstoffes vorhanden. Etwa acht Tonnen. Wenn acht Tonnen Raketentreibstoff in der Atmosphäre verglühen, kann man zu Recht ein gewaltiges Feuerwerk erwarten. Dennoch: Niemand hat das verglühende Schiff beobachtet und gesehen, wo die Trümmer eingeschlagen sind. Und zwar auch nicht, weil sich niemand um deren Entsorgung kümmern will. Warum dann? Weil der mögliche Absturzbereich von Fobos-Grunt wirklich groß ist. Fobos-Grunt ist mit einer Geschwindigkeit von etwa 30.000 Stundenkilometern fast waagrecht in die Lufthülle eingetaucht. Ballistische Rechnungen können den Zeitpunkt des Absturzes zwar bis auf plus/minus 20 Minuten einengen, aber bei dieser hohen Geschwindigkeit entspricht das einer riesigen Distanz von 20.000 Kilometern, innerhalb der Fobos-Grunt abgestürzt sein könnte. Also entweder bei Punkt A oder erst 20.000 Kilometer weiter bei Punkt B. Oder irgendwo dazwischen.

Das Absturzgebiet kann daher konkret vom östlichen Pazifik über Südamerika bis in den westlichen Atlantik reichen. Genauer kann es niemand bestimmen. Und weil es auf der Erde wirklich viel Meer gibt, das teilweise sehr tief ist, besteht auch wenig Hoffnung, dass man die Überreste noch findet. Als Besatzung an Bord der Fobos-Grunt waren übrigens die zehn widerstandsfähigsten Lebewesen der Erde. Diese Lebewesen sind zwar sehr widerstandsfähig. Ein Wiedereintritt in die Erdatmosphäre mit Verglühen übersteigt ihre Fähigkeiten dann aber doch beträchtlich. Wie qualifiziert man sich für die Charts der zehn widerstandsfähigsten Lebewesen? Indem man extremophil ist. Das ist längst nicht so ordinär, wie es klingt, es bedeutet lediglich, dass man außerordentlich außerordentliche Lebensverhältnisse aushalten kann. An Bord waren Bakterien, Pilze und Tierchen. Tierchen sind in dem Fall nicht kleine Tiere, die sich leicht in der Hand halten und streicheln lassen, sondern Bärtierchen, auch bekannt als Wasserbären. Der Wasserbär, Sie erinnern sich, stand neben Seehase und Wurmgrunzer zu Anfang des Buches zur Auswahl bei der Frage, was Sie gerne wären. Dass Sie lieber Wurmgrunzer sein wollen sollten, wissen Sie bereits, aber was kann der Wasserbär und wie verbringt er seine Freizeit?

Die Gummibärenbande

Bärtierchen oder Wasserbären sind in mehrfacher Hinsicht ganz außergewöhnlich. Der Name kommt daher, dass Bärtierchen in Aussehen und Bewegung ein wenig an Bären erinnern. Im Englischen nennt man sie auch noch Moosferkel, weil sie gerne im Moos wohnen, aber man findet sie praktisch überall, auch an den extremsten Orten und Gebieten auf unserer Erde. Nicht nur dass diese Lebewesen ein besonders entzückendes Aussehen haben, sie gehören auch zu den zählebigsten Tieren, die unter den widrigsten und lebensfeindlichsten Umweltbedingungen überleben können. Bärtierchen sind zwischen 0,05 und 1,2 Millimeter groß, haben einen zylindrisch geformten Körper, der bauchseitig abgeflacht ist, und bestehen aus vier Körpersegmenten mit insgesamt acht Beinen. Trotz ihrer Kleinheit sind sie ziemlich hoch entwickelte Tiere. Sie besitzen Beine, Krallen, Muskeln, Augen, Magen, Mund, Nerven und so weiter, aber wohlgemerkt alles rund tausendmal kleiner als bei uns Menschen. Wie ein echtes Tier, nur gezippt. Die Widerstandskraft der Bärtierchen gegenüber harschen Umweltbedingungen ist unvergleichlich. Ihr Verbreitungsraum reicht vom Himalajagebirge in 6.000 Meter Höhe bis zu Tiefseeregionen 4.700 Meter unter dem Meeresspiegel, von den kältesten Gebirgen zu heißesten Wüsten, von eisigen Polargebieten bis zum tropischen Äquator. Bärtierchen können Trockenperioden, Kälteeinbrüche oder Sauerstoffmangel spielend überstehen. Sie überleben Temperaturen von nur einigen wenigen Grad über dem absoluten Nullpunkt bei minus 272 °C bis zu plus 150 °C Hitze. Man kann sie also ohne Weiteres einfrieren oder kochen, ohne dass sie sterben. Sie kommen auch mit dem Tausendfachen der radioaktiven Strahlung klar, die für Menschen sofort tödlich wäre. Mindestens eine Bärtierchenart ist in der Lage, das Sechsfache des Wasserdrucks zu überstehen, der auf dem Boden des Marianengrabens anzutreffen ist. Dort, wo bei uns Menschen im Meer beim Tauchen die Nase zuzuhalten und über die Ohren den Druck auszugleichen schon längst nicht mehr helfen, merkt das Bärtierchen nicht einmal, dass sich was verändert hat.

Irgendwann wird es aber auch für Bärtierchen eng, und bei der äußersten Form der Anpassung gehen die Tiere in einen todesnahen Zustand über, in dem sich keinerlei Stoffwechselaktivität mehr registrieren lässt. Dann bilden sie eine walzenförmige, unbewegliche Resistenzform, das Tönnchen. Dabei werden die Beine und der Kopf gänzlich eingezogen und wird die Körperoberfläche insgesamt stark verkleinert, sodass die Bärtierchen wie winzige Tonnen aussehen. Als charakteristische Merkmale eines lebenden Organismus werden häufig Stoffwechsel, Wachstum und Fortpflanzung angeführt. Keine dieser Eigenschaften findet sich jedoch im Tönnchenstadium. Man darf die Bärtierchen in diesem Zustand getrost als scheintot bezeichnen.

Die Rückkehr in den aktiven Zustand entspricht dann tatsächlich einer „Wiederauferstehung von den Toten". Allerdings wird bei den Bärtierchen, nach allem, was wir wissen, dabei nicht Ostern gefeiert. Trotzdem sind die Wasserbärchen danach wieder komplett und intakt: Augen, Muskeln, Beine, alles, was ein Tier vorzuweisen hat, ist wie vorher funktionstüchtig und einsatzbereit. Das älteste lebende Bärtierchen, das wir kennen, fand man in einem botanischen Museum in Italien in einer Schachtel mit gänzlich ausgetrockneten Moosproben, die seit 120 Jahren nicht mehr geöffnet worden war. Man legte diese Moosreste ins Wasser, und schon wenig später wimmelte es von wiederbelebten Bärtierchen, die zuvor mehr als ein Jahrhundert lang Beamtenmikado* gespielt hatten. Und was machen die Racker, nachdem sie ihre Statusmeldungen gecheckt haben? Sie pflanzen sich fort. Und wenn man schon einen so extravaganten Lebensstil pflegt wie die Wasserbären, lässt man sich auch diesbezüglich nicht zum Mainstream zählen.

Bärtierchen sind bei der Vermehrung je nach Art sehr flexibel. Man unterscheidet drei Fortpflanzungsweisen: sexuell, asexuell und Selbstbefruchtung. Wenn sich eine Wasserbärenart für Sex entscheidet, schauen die Protagonisten dergestalt aus: Beide besitzen nur eine Keimdrüse, beim Männchen führen aber von dem Solo-Hoden zur röhrenförmigen Geschlechtsöffnung zwei Leitungen. Kein Mensch und vermutlich auch kein Bärtierchen weiß, warum. Früher hat es in Wien viel mehr Straßenbahngeleise gegeben als eigentlich notwendig, damit die Tramwayzüge ausweichen konnten, wenn die Schienen durch parkende Autos blockiert waren. Seit es ein umfangreiches U-Bahn-Netz gibt, hat die Straßenbahn an Bedeutung verloren, trotzdem gibt es diese Bypässe noch hie und da. Vielleicht ist es bei den Samensträngen der Wasserbärenmännchen ähnlich. Die Weibchen haben hingegen nur einen Eierstock, der nicht redundant ist. Manchmal verzichten die Weibchen sogar auf eine eigene Geschlechtsöffnung und es kommt zu einer Fusion mit dem Anus zu einer Kloake. Die Befruchtung kann sowohl außer- als auch innerhalb des

*Beamtenmikado wird in Anspielung auf die vermeintliche oder tatsächliche Untätigkeit von Beamten ein erfundenes Spiel genannt, bei dem der verliert, der sich als Erster bewegt.

Körpers der Weibchen stattfinden. Bei manchen Arten umkreist zunächst das Männchen das Weibchen, das sich währenddessen kaum bewegt. Der männliche Minibär macht sich dann besonders am Vorderende des Weibchens zu schaffen und berührt oder betupft es mit seiner Mundöffnung. In dieser Stellung können die Tiere längere Zeit verharren. Man geht wohl nicht fehl in der Annahme, dass dabei die Spermien durch den Mund in das Weibchen gelangen. Das gibt es bei Menschen auch, wenn auch nur sehr selten, der ehemalige Tennisspieler Boris Becker stand eine Zeit lang im Ruf, mit dieser Methode zum dritten Mal Vater geworden zu sein.

Wenn die Fortpflanzung asexuell vonstattengeht, findet sie sehr häufig in rein weiblichen Populationen statt. Bei dieser ungeschlechtlichen Paarung reifen nur die Eier, die sich ausschließlich wieder zu Weibchen entwickeln. Männchen sind an solchen Weibchen übrigens total desinteressiert, sie wissen, dass es da nichts zu holen gibt. Sie schleichen höchstens herum und rufen den Weibchen was Blödes zu und beschäftigen sich ansonsten still.

Manche Bärtierchenarten sparen sich die Zweisamkeit ganz und zeugen als Hermaphroditen. Die Geschlechtsorgane haben dann die geschilderte Ausstattung, die Ei- und Samenzellen reifen aber in derselben Keimdrüse heran. Aber auch wenn sie sich in der Art der Fortpflanzung unterscheiden, extreme Verhältnisse bewältigen alle Arten mit links.

Deshalb sind Bärtierchen die idealen Astronauten, die die Bedingungen im Weltraum überleben können: Vakuum, extreme Hitze und Kälte, hohe radioaktive Strahlung und viele weitere widrige Umstände. Ein Elternbrief mit der Mitteilung, dass der Volksschulwandertag leider ausfallen müsse, weil Regen und Temperatursturz vorhergesagt seien, ist in der Bärtierchenwelt unvorstellbar. Schon vor ihrer Teilnahme an der Mission Fobos-Grunt durften die kleinen Superastronauten im Mai 2011 auf der letzten Reise der Raumfähre Endeavour ins All starten. Dort verbrachten sie dann zwölf Tage auf der Internationalen Raumstation ISS. Die kleinen Bärtierchen wurden vor dem Start getrocknet, sodass sie die widerstandsfähigen Tönnchen bilden konnten. Man hat sie dann in kleine Module verpackt, und diese sind in einer Kapsel mit der Rakete in den Weltraum geflogen. Dort öffnete sich dann ein Schieber, aber nicht, damit die Wasserbären die schöne Aussicht genießen konnten, sondern um zu testen, wie gut sie während der knapp zwei Wochen mit den Weltraumbedingungen zurechtkamen. Dann ging der Schieber wieder zu, und die Tiere sind wieder mit dem Spaceshuttle zur Erde zurückgedüst. Stand heute, Ende 2012, wird noch untersucht, wie ihnen dieser Ausflug bekommen ist. Würde man die beiden widerstandsfähigsten Lebewesen gegeneinander antreten lassen, quasi in einem „Classico der Extremophilen", so stünden sich als Real Madrid und FC Barcelona gegenüber das Bärtierchen und *Deinococcus radiodurans* aka Conan, the bacterium. Beide können außergewöhnlich unfreundliche Außentemperaturen kommentarlos ertragen, bei minus 50°C gehen sie noch kurzärmlig, „Jeden Tag ein Lungenröntgenbild" ist ihr zweiter Vorname, und Knäckebrot finden sie deutlich zu nass. Es wäre mithin eine Tiqui-taca-Partie auf höchstem Niveau, aus der immer das Bärtierchen als Sieger hervorginge, außer die radioaktive Bestrahlung übersteigt 5.700 Gray.

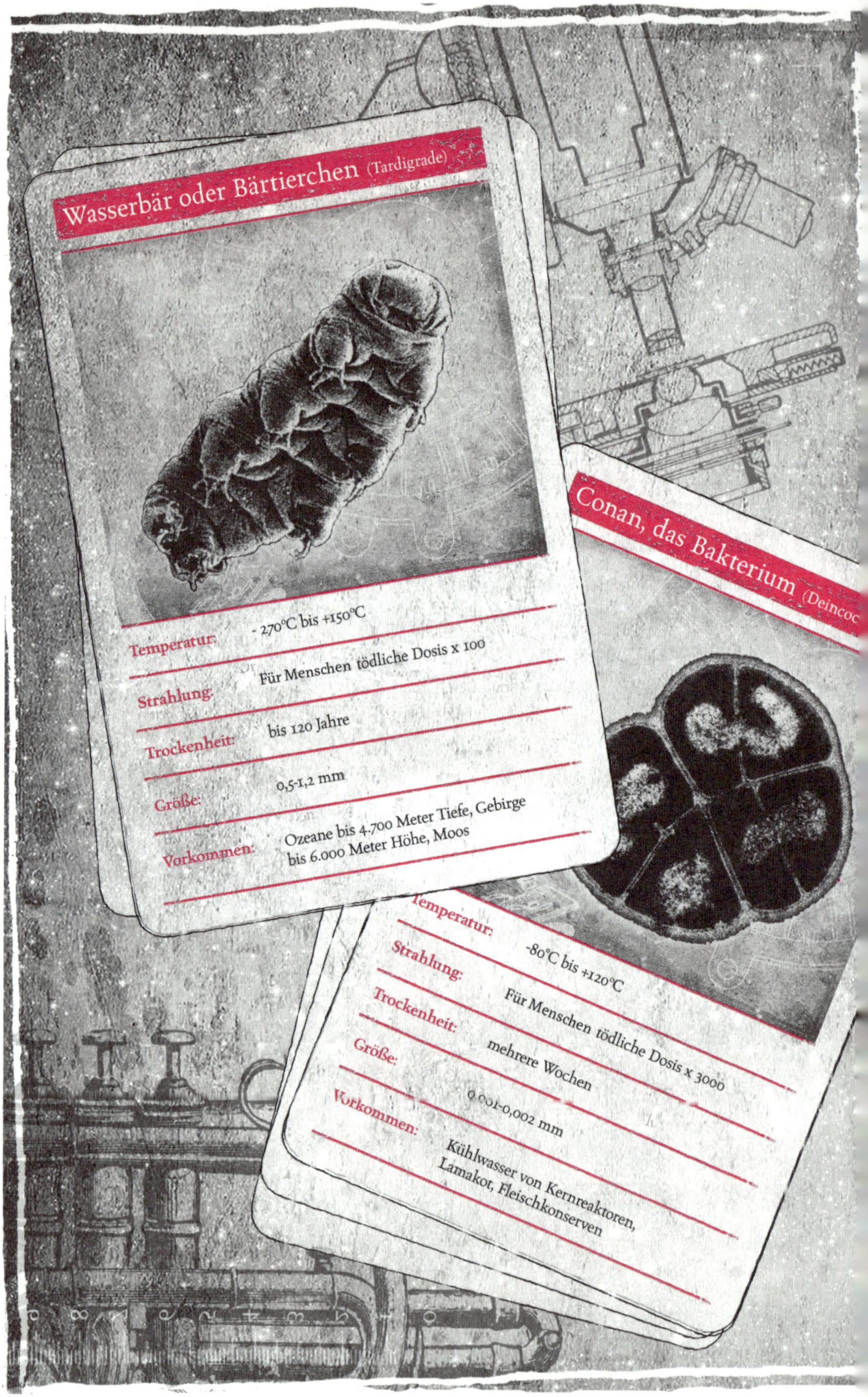
Wasserbär oder Bärtierchen (Tardigrade)
Temperatur:
- 270°C bis +150°C
Strahlung:
Für Menschen tödliche Dosis x 100
Trockenheit:
bis 120 Jahre
Größe:
0,5-1,2 mm
Vorkommen:
Ozeane bis 4.700 Meter Tiefe, Gebirge bis 6.000 Meter Höhe, Moos
Conan, das Bakterium (Deincoc
Temperatur:
-80°C bis +120°C
Strahlung:
Für Menschen tödliche Dosis x 3000
Trockenheit:
mehrere Wochen
Größe:
0,001-0,002 mm
Vorkommen:
Kühlwasser von Kernreaktoren, Lamakot, Fleischkonserven

Health & Safety

Schon lange bevor die ersten Bärtierchen sich ins Weltall aufgemacht haben, glaubte man Bakterien entdeckt zu haben, die den unwirtlichen Bedingungen im Vakuum des Weltraums trotzen könnten.

Als 1969 Apollo 12 die zweite bemannte Mondlandung erfolgreich hinter sich und unter anderem die Kamera der Mondlandekapsel Surveyor 3, die schon seit 1967 auf dem Mond stand, wieder auf die Erde zurückgebracht hatte, entdeckte man Bakterien, die dort eigentlich nicht hätten sein dürfen. Nachdem man sofort ausschließen konnte, dass es sich um Außerirdische handelte, war man lange der Meinung, die Bakterien stammten aus dem Geniese eines NASA-Technikers, hätten sich in der Sonde eingenistet, seien zum Mond und wieder zurück geflogen sind und hätten alles überlebt. Die Bakterien (*Streptococcus mitus*) konnten auf der Erde im Labor problemlos wieder zum Keimen gebracht werden.

Daraufhin setzte in der Raumfahrt eine ganz neue Sensibilität gegenüber dem wohl größten Problem bei der Untersuchung und später vielleicht auch einmal Besiedlung fremder Himmelskörper ein: der Infizierung durch den Menschen beziehungsweise durch Mikroben von der Erde. Deshalb werden seitdem alle einzelnen Bauteile eines künftigen Raumgefährts massiv gereinigt und in einer Reinraumatmosphäre zusammengebaut. Danach wird die Sonde noch einige Stunden einem höchst reaktiven Chlorgas ausgesetzt. Ließe man das bleiben, würde die Atmosphäre auf dem Mars, schon lange bevor der erste Mensch die Chance hätte, einen Fuß auf den Planeten zu setzen, von terrestrischen Lebewesen verseucht.

Gut für die Raumfahrt, aber bedauernswert für alle, die diese Episode originell finden und gerne glauben möchten, ist, dass die Geschichte nicht stimmt. Und diese Geschichte wollen viele glauben, nicht nur Verschwörungstheoretiker und Wichtigtuer. Selbst sonst sorgfältig gewartete Websites wie die deutsche Ausgabe von Wikipedia oder die des Deutschen Zentrums für Luft- und Raumfahrt e. V. (DLR), um nur zwei zu nennen, führen die Story ungebrochen als Sachverhaltsdarstellung.

Dabei war alles viel prosaischer. Wissenschaftler, die unter anderem die Kamera nach ihrer Rückkehr auf der Erde untersuchten, trafen so miserable hygienische Sicherheitsvorkehrungen, dass sie die Surveyor-Kamera mit ihren eigenen Mikroben „verseuchten", diese dann „entdeckten" und anschließend der Welt als Sensation verkauften. Alles ohne Absicht. Nach über 40 Jahren machte der Biologe John Rummel demselben ein Ende, wenn Sie mir dieses Wortspiel gestatten. Er präsentierte eine Untersuchung namens *A Microbe on the Moon? Surveyor III and Lessons Learned for Future Sample Return Missions*.[33] Und kommentierte die Bakterienlegende wie folgt: „If ‚American Idol' judged microbiology, those guys would have been out in an early round." Und wieder eine schöne Anekdote weniger, und das nur, weil die Methode der Wissenschaft Fehler zwangsläufig ausmerzt. Manchmal braucht es zwar etwas länger, aber wenn etwas nicht stimmt, dann fliegt das in der Regel irgendwann auf.

Superjoghurt rettet die Welt

Bakterien sind zwar als Haustiere nicht besonders beliebt, aber ohne sie geht auf der Erde gar nichts. Ein erwachsener Mensch besteht nicht nur aus Haut und Haar, Fleisch und Knochen, sondern auch aus circa 1.000 Spinnentieren, etlichen Hundert Madenwürmern, ein paar Dutzend Amöben und etwa 100 Billionen Bakterien. Wir selber sind bei uns nur eine extreme Randgruppe. Manch böse Bakterien sind für uns gefährlich, andere gute aber lebensnotwendig. Deshalb glauben viele Menschen, wenn man von den guten Bakterien mehr zu sich nimmt, dann ist das auch besser. Allerdings kennen sie da unseren Magen schlecht. Dort führt hochkonzentrierte Salzsäure das Regiment und kommt so gut wie nichts durch. Wenn all die Superbakterien, die in kostspieligen Joghurts versprochen werden, uns beim Verdauen helfen sollen, dann darf man sie nicht durch den Magen schicken, der macht sie kaputt, wenn überhaupt, dann hülfen sie nur, wenn man sie rektal verabreichte. Aber das wird in der Werbung nicht dazugesagt. Dort wird verheißen, dass die Wunderbazillen uns nicht nur beim gesunden Leben unterstützen, sondern auch gegen Blähbauch helfen und das Immunsystem anregen. Dass sie das Immunsystem anregen, stimmt auch, nur ist das gar nicht so gut. Mit diesen modischen Joghurtgetränken, die die „normale Funktion des Immunsystems stärken“[34], gelangen sehr wohl zusätzliche Bakterien in den Körper, die haben dort allerdings nichts zu suchen. Wenn Sie Lust auf Zusatzbakterien haben, dann nehmen Sie ein Messer, schneiden sich in den Daumen und wühlen damit in der Erde herum. Dadurch gelangen auch

Bakterien in Ihren Körper, die nicht hineingehören. Nur wesentlich billiger. Und man braucht danach keinen Löffel abzuschlecken. Menschen mit Immunschwäche kann man vor solchen Joghurts allerdings nur eindringlich warnen.

Manche Menschen nehmen solche Milchprodukte nicht nur als Lifestyle-Getränke zu sich, sondern erhoffen sich auch eine Entschlackung des Körpers. Aber der Körper ist kein Hochofen, deshalb kommt nach Kuren mit Fastenjoghurts auch kein gestählter Körper heraus, sondern meist nur eine schlankere Brieftasche. Für die Abfallentsorgung sind im Körper Leber und Nieren zuständig. Wenn die funktionieren, dann ist man gesund, wenn die nicht funktionieren, dann braucht man keine Modejoghurts, sondern ärztliche Beratung.

Was aber bei Durchfall? Da wird die Darmflora zerstört, die besteht auch aus Bakterien, die muss man wieder aufbauen, und mit Joghurt geht das doch bekanntermaßen. Das stimmt, aber ein ganz normales sogenanntes Naturjoghurt reicht auch. Durchfall bedeutet, es befindet sich ein toxischer Stoff im Darm, etwa durch Viren oder Bakterien. Dadurch ist die Darmflora, die die Flüssigkeit aus der Nahrung resorbieren sollte, zerstört. Joghurt hilft dann beim Wiederaufbau. Das heißt, Joghurt ist für die Darmflora die Trümmerfrau in der Nachdurchfallzeit.

Cola und Salzstangen beziehungsweise in Österreich Soletti helfen übrigens nicht gegen Durchfall. Warum sollten sie auch? Ist nicht ihr Job. Das kann man gerne konsumieren, wenn es schmeckt, der Durchfall geht deshalb nicht schneller weg. Aktivkohletabletten helfen, aber man muss viele davon nehmen, und das mag manch einer nicht gerne. Was hilft dann?

Drei Maßnahmen. Einfach warten, bis der Durchfall vorbei ist. Das dauert normalerweise ein, zwei Tage, länger nicht. Wer ungeduldig ist oder schwerer erkrankt, der sollte Abführmittel nehmen. Sie denken nun vielleicht: „Es geht ja eigentlich eh schon ganz gut, wenn man bereits Durchfall hat", aber Durchfall bedeutet eben, dass etwas im Darm ist, was dort nicht hingehört und hinaus muss. Je schneller, desto besser. Die Tabletten, die Sie vor Reisen gegen Durchfall kaufen können, verlangsamen lediglich die Darmtätigkeit. Sie beseitigen den Durchfall aber nicht. Die sind nur dafür da, dass Sie es unterwegs eine Zeit lang aushalten, ohne dauernd aufs Klo zu müssen. Damit Sie die Busreise zu den lokalen Sehenswürdigkeiten ohne Windel mitmachen können. Am besten helfen aber Einläufe. Durch die Vergiftung oder Nahrungsmittelunverträglichkeit ist die Darmflora zerstört worden. Die brauchen wir aber wieder. Der Körper baut sie zwar selber wieder auf, aber durch Einlauf – medizinisch korrekter als Stuhltransplantation oder euphemistisch als Biotherapie bezeichnet – geht das schneller.[35]

Da grausen sich viele davor, aber am Gesäß haben Sie ohnedies keine Geschmacksrezeptoren. Das heißt, wenn Sie mit Durchfall zum Arzt kommen, und der sagt: „Ich hab eh vergessen die Spülung zu betätigen, kommen Sie gleich mit", dann ist das ein guter Therapeut. Überspitzt formuliert natürlich. In den meisten Fällen ist eine derartige Maßnahme nicht notwendig. Und wird auch noch aus zwei weiteren Gründen selten angewandt. Einerseits weil es aus kulturellen Vorbehalten von den Patientinnen und Patienten nicht gewünscht wird. Andererseits gibt es im Darm wirklich sehr viele verschiedene Bakterien, die Zusammensetzung der Darmflora ist sehr individuell, und die Darmfloren müssen zusammenpassen. Man kann also nicht die Bakterien von jedem x-beliebigen Menschen verwenden. Außer natürlich, man macht es nur wegen des Einlaufes, aber dann kann man die Bakterien auch genauso gut weglassen. Und wie würde man dann einen passenden Darmfloraspender finden? Solange es keine Stuhlbanken gibt, kann man sich in der Familie umschauen, oder in einer Facebook-Gruppe.

Apollo 12 wurde übrigens nicht nur durch die Bakteriengeschichte bekannt, sondern auch weil die Rakete beim Start mehrmals von gewaltigen Blitzen getroffen wurde. So heftigen, dass zeitweise die meisten elektrischen Systeme im Raumschiff ausfielen – sie konnten aber im Weltall on the fly wieder instand gesetzt werden. Die Einschläge nach dem Start wurden möglicherweise durch den Abgasstrahl der Rakete hervorgerufen. Der bildete einen elektrisch leitfähigen Kanal aus ionisiertem Gas und zog ganz nach Art von Gewittern die atmosphärischen Entladungen nur so auf sich.[36] Solange die Rakete noch auf der Rampe stand, passierte nichts, obwohl auch da schon Blitze in die Rakete einschlugen. Doch weil Raketen, wie Autos und Flugzeuge auch, als faradayscher Käfig fungieren, wurde die elektrische Ladung außen abgeleitet und konnte nicht ins Innere dringen.

Fisches Blitz

Fischen sind Gewitter in der Regel auch egal, aber warum? Wasser leitet doch hervorragend? Warum sind wir Menschen in Lebensgefahr, wenn wir in einem Meter Abstand unter einer Starkstromleitung mit 15.000 Volt auf einem Waggon tanzen (siehe Seite 105), während Fische in einem See mit einem Lächeln quittieren, wenn ein Blitz vom Himmel herniederfährt, obwohl schon ein durchschnittlicher Blitz eine Spannung von rund 500 Millionen Volt mitbringt und eine Stromstärke von rund 20.000 Ampere, und das in Sekundenbruchteilen? Zusätzlich werden Temperaturen von über 30.000°C erreicht. Aber das alles ist dem Fisch gleichgültig, vor Blitzen sollen sich andere fürchten, er sicher nicht. Wie macht er das? Schauen wir uns zuerst einmal an, was ein Blitz eigentlich ist. Grundsätzlich ist ein Blitz noch nicht gefährlich, jeder von uns kann selbst einen herstellen. Wenn wir durch einen Raum gehen, am besten geht es mit Gummisohlen, dann reißen wir mit den Schuhen Elektronen aus dem Boden. Das passiert durch die Reibung. Diese Elektronen sammeln sich im gesamten Körper. Der Körper ist dann aufgeladen. Je mehr Elektronen sich in unserem Körper befinden, umso größer wird die Spannung sein, die wir verursachen. Interessanterweise spüren wir selber gar nichts, denn es fließt kein Strom. Kommen wir nun in die Nähe von einem Stück Metall, optimalerweise an eine Metallspitze (eine Türklinke zum Beispiel), so versuchen die zusätzlichen Elektronen, die sich im Körper gesammelt haben, zu entkommen. Sie „wandern“ durch die Luft zum Metall, das sie lieber mögen als Gummischuhe oder

Gewand. Dieses „Wandern" ist allerdings eher unangenehm. Denn sobald sich Elektronen bewegen, spricht der Fachmann von Strom, und diesen Strom spüren wir. Zugegeben, der Strom ist relativ gering, aber die Spannung ist enorm. Man kann salopp sagen, dass für das Überbrücken von einem Millimeter Luft rund 1.000 Volt benötigt werden. Ein Funken von einem Zentimeter lässt rund 10.000 Volt durch den Körper fließen. Wer will, kann den selbst gebastelten Blitz auch weiterverschenken und so ein wenig Schwung in sein Leben bringen. Am besten mit den Schuhsohlen über den Teppichboden schlurfen und dann mit dem Finger das Ohr eines Schul- oder Arbeitskollegen berühren. Wenn alles passt, wird der Elektrisierte aufspringen und Sie durchs Zimmer jagen, und so machen Sie beide ein bisschen Bewegung in einer Zeit, in der wir Menschen bekanntermaßen viel zu viel sitzen.

Bei einem Gewitter ist die Wanderung der Elektronen in Form eines Blitzes noch beeindruckender. Hier befinden sich an der Wolkenunterseite sehr viele Elektronen, während auf der Erdoberfläche wenige Elektronen sind. Das kommt daher, dass sich vor einem Gewitter innerhalb der Wolkentürme Eiskristalle und Wassertröpfchen befinden. Die Eiskristalle entstehen dadurch, dass sie als Wassertröpfchen von Aufwinden in kältere Bereiche in einer Höhe von zwei bis drei Kilometern hinaufgerissen werden und so zu Eiskristallen werden. Sie sind deutlich schwerer als Wassertröpfchen. Wie im echten Leben, wenn junge Männer Karriere machen und einen Macht- und Wohlstandsbauch bekommen. Irgendwann ist die Laufbahn für die Eiskristalle aber zu Ende und sie gehen in Pension, das heißt, sie fallen wieder runter. Dabei treffen sie die gerade aufsteigenden Wassertröpfchen und entreißen ihnen Elektronen. Klassischer Generationenvertrag. Dadurch sind die Wassertröpfchen positiv geladen, die negativ geladenen schweren Eiskristalle sinken in den unteren Bereich der Wolke. Damit ist die Wolkenunterseite elektrisch negativ geladen, während die Wolkenoberseite positiv geladen ist. Warum macht sich der Blitz dann die Mühe und fährt vom Himmel zur Erde, warum entlädt er sich nicht gleich in der Wolke? Die Antwort lautet: Macht er eh. Tatsächlich finden die meisten Blitze innerhalb der Wolke, zwischen Wolkenober- und -unterseite statt. Diese Blitze können wir auch sehen, sie sind für uns auf der Erde aber nicht von besonderer Bedeutung.

Sehr viele Blitze entladen sich auch ins Weltall, was man gut beobachten kann, wenn man mit dem Flugzeug durch ein Gewitter fliegt oder an einem vorbei. Man nennt diese Entladungen Elfen und Kobolde. Eine Elfe ist ein rötlicher Ring in etwa 90 Kilometer Höhe. Ihr Licht ist sehr schwach und sie erscheint nur selten. Ein Kobold ist auch rötlich, aber pilzförmig, entsteht in 70 Kilometer Höhe über dem Gewitter und ist nicht so scheu. Allerdings sind nicht nur die Namen dieser Phänomene geheimnisvoll, sondern auch ihre Entstehung. Sie ist bis heute nicht genau geklärt.

Solange in den Wolkentürmen vor einem Gewitter Aufwinde herrschen, werden immer neue elektrisch geladene Wassertröpfchen und Eiskristalle produziert. Irgendwann befinden sich dann an der Wolkenunterseite sehr viele Elektronen, auf der Erdoberfläche hingegen sehr wenige. Und dann kommt es auch zu einer Entladung zwischen Wolkenunterseite und Erdoberfläche, also zu dem, was wir als Blitz kennen und fürchten. Fährt der Blitz aber tatsächlich in die Erde ein oder von der Erde auf in den Himmel? Irgendwie beides ein bisschen, aber hauptsächlich von oben nach unten. Das klingt nicht sehr naturwissenschaftlich, kommt aber so: Zuerst entsteht ein sogenannter Vorblitz, dessen Elektronen von der Wolkenunterseite sich mit rund 150 Kilometern pro Stunde auf den Erdboden zubewegen.

Normale Reisegeschwindigkeit für Autobahnraser. Dieser Vorblitz hat einen Durchmesser von rund einem Zentimeter, leuchtet nur sehr schwach und er bleibt, auch wenn wir das mit bloßem Auge nicht sehen können, etwa alle 50 Meter kurz „stehen", und „sucht" nach einem besseren Weg. Er ist quasi die Vorhut, die den Blitzkanal schafft, in dem später die eigentliche Entladung stattfindet. Kommt nun die Spitze des Vorblitzes in die Nähe eines Baumes, einer Antenne oder eines Kirchturms, so wächst ihm von dort meistens ein kleines Blitzchen entgegen. Und sobald die beiden sich getroffen haben, ist die „Leitung" zwischen Boden und Wolke geschlossen, und der eigentliche Blitz kann sich mit bis zu 100.000 Kilometern pro Sekunde (!) von der Wolkenunterseite zur Erde entladen. Mit bis zu einem Drittel der Lichtgeschwindigkeit, wobei die Hauptentladung aber von der Erde zur Wolke geht.

Man kann sich das so vorstellen: Die Rockband AC/DC kommt am Flughafen an, der Tourmanager fährt voraus und sucht die beste Route zur Venue, kurz vor der Location trifft er den örtlichen Veranstalter, und wenn für die beiden alles passt, kommt die Band in der Stretchlimo vorbei und es gibt Stadionrock mit dem Opener „Thunderstruck". Und der Donner? Durch die enorme Geschwindigkeit der Entladung wird

Goldhamster
(mesocricetus auratus)
Afrikanischer Elefant
(loxodonta africana)
Spitzhörnchen
(tupaia belangeri)

die Luft im Blitzkanal schlagartig erhitzt, auf bis zu 30.000°C, dehnt sich mit Überschallgeschwindigkeit aus, und das hören wir als Donner. Weil aber Schall langsamer ist als Licht, ist der Donner immer nur zweiter Sieger. Man kann ihn anzählen wie einen angeschlagenen Boxer, die Faustregel ist gut bekannt. Drei Sekunden zwischen Blitz und Donner bedeuten: Das Gewitter ist rund einen Kilometer entfernt. So lautet die Theorie unter idealen Verhältnissen, wie sie Physikerinnen und Physiker gerne haben. In der Praxis lassen sich bei einem heftigen Gewitter Blitze und Donner einander bald nicht mehr genau zuordnen, und man sollte sich schleunigst in Sicherheit bringen. Bei einer Blitzentladung herrschen nämlich Spannungen von einigen zig Millionen Volt. Noch beeindruckender ist die Stromstärke: Bei einem Blitz sind wirklich viele Elektronen beteiligt. Im Blitzkanal von rund einem Zentimeter Durchmesser fließt ein elektrischer Strom von rund 20.000 Ampere. Das sollte man wirklich ernst nehmen. Bei ganz besonderen Blitzen werden sogar Ströme von 300.000 Ampere frei!

Fischen in Teichen, Seen und Meeren ist das, wie gesagt, trotzdem wurscht. Warum erschlägt der Blitz in der Regel keine Fische? Zum einen schlägt der Blitz nur selten in Gewässer ein, sondern viel lieber in Erhöhungen, das gehört zu seiner Job Description. Das wissen Fische, daran haben sie sich im Rahmen der Evolution gewöhnt. Sie als Mensch, der in einem See schwimmt und von einem Gewitter überrascht wird, sind aber, indem Sie einen Fisch fangen und sich über den Kopf halten – weil der Fisch dann ja der höchste Punkt im Wasser sei und der Blitz in ihn bekanntlich nicht einschlage –, keineswegs sicherer. Es gibt leider kein Stillhalteabkommen zwischen Fischen und Blitz, welches regelt, dass Blitze grundsätzlich nicht in Fische einschlagen. Sie sollten das Wasser schleunigst verlassen, der Fisch darf bleiben, seine Sicherheit garantiert etwas anderes.

Der Blitz im Silbersee

Ein Blitz besteht wie elektrischer Strom aus Elektronen, die sich bewegen, und Strom nimmt immer den Weg des geringsten Widerstandes. Sobald nun der Blitz in das Wasser einschlägt, werden sich die Elektronen halbkreisförmig in alle Richtungen unter dem Wasser ausbreiten. Dadurch werden sie auf einen sehr großen Bereich oder besser gesagt auf ein großes Volumen aufgeteilt. Das reduziert die Gefahr für die Fische schon drastisch.

Nun stellt sich die Frage, wie gerne die Elektronen in den Körper von Menschen oder Fischen hineingehen. Dafür gibt es eine eigene physikalische Größe, den elektrischen Widerstand. Er gibt an, wie gerne Elektronen einen Weg nehmen. Je größer der Wert ist, umso weniger mögen Elektronen dort wandern.

Nun ist Wasser aber nicht gleich Wasser, wenn es zur elektrischen Leitung kommt.

Destilliertes Wasser leitet Strom nicht sehr gut. Würden wir in destilliertem Wasser baden, während uns der Blitz trifft, wäre das eher ungünstig. Reines aka destilliertes Wasser hat einen sehr hohen elektrischen Widerstand, rund 40.000 Ohm pro Meter. Der menschliche Körper und auch der fischige haben (im Durchschnitt) einen Widerstand von rund 30 Ohm pro Meter. Wie kommt es zu diesem riesigen Unterschied? Destilliertes Wasser leitet fast nicht, weil Wassermoleküle nicht elektrisch geladen sind. Sie bewegen sich daher nicht in Richtung der Pole. Erst wenn sich Ionen, das sind elektrisch geladene Teilchen, im Wasser befinden, kann elektrischer Strom im Wasser fließen, das heißt, die Elektronen „hoppeln" von Ion zu Ion. Je salziger das Wasser, desto mehr Ionen, und desto größer ist die elektrische Leitfähigkeit. Darum leitet Meerwasser Strom wesentlich besser als Süßwasser und viel besser als destilliertes Wasser.

Das heißt, die Elektronen möchten rund tausendmal lieber durch den menschlichen Körper wandern als durch das destillierte Wasser. Damit wären wir dann tot. Das Tröstliche daran: Es ist wirklich sehr kompliziert, eine Schwimmgelegenheit in destilliertem Wasser zu finden. Damit das gelingt und gleichzeitig ein Gewitter aufzieht und ein Blitz ins Wasser einschlägt, muss schon sehr viel passen.

Normale Seen und Flüsse haben in der Regel den gleichen Widerstand wie unser Körper, rund 30 Ohm pro Meter. Damit werden zwar die Elektronen genauso durch unseren Körper strömen wie durch das Wasser, aber es herrscht nun Gleichstand. Wenn wir Glück haben, ist sogar noch etwas mehr Salz gelöst, dann werden sich die meisten Elektronen an uns vorbeibewegen und uns nicht einmal berühren. Optimal wäre es, wenn wir uns im Meer aufhalten würden, denn dort herrscht ein Widerstand von rund 0,3 Ohm pro Meter. Dort wandern die Elektronen noch hundertmal lieber an uns vorbei als in einem See.

Fische haben gegenüber den Menschen noch einen Vorteil. Sie sind fast immer kleiner. Und nun kommt noch einmal Spannung ins Spiel. Im Prinzip gibt die Spannung an, wie gerne Elektronen von einem Bereich zu einem anderen Bereich wollen. Im zweiten Kapitel haben wir das Prinzip der Batterie mit Plus- und Minuspol kennengelernt. Am Minuspol gibt es viele Elektronen, am Pluspol sehr wenige. Um einen Ausgleich herzustellen, wollen die Elektronen vom Minuspol zum Pluspol wandern. Wie gerne sie das tun, wird dann in Volt angegeben. Je höher die Spannung ist, umso stärker „motiviert" sind die Elektronen, vom Minus- zum Pluspol zu wandern. So können die Elektronen bei einer Spannung von 1.000 Volt einen Millimeter Luft überbrücken. Man sieht dann einen kleinen Blitz – einen sehr kleinen, eben einen Millimeter groß.

Im Wasser bedeutet das für Fische und Menschen, dass es darauf ankommt, wo ein Körper von den Elektronen getroffen wird, während sich auf der anderen Seite noch keine oder weniger Elektronen befinden. Fische haben durch ihre kleine Größe bei Blitzschlag also einen Vorteil. Der Bereich mit vielen Elektronen und der mit wenigen Elektronen liegen näher beieinander. Damit ist die Spannung und sind die gesundheitlichen Schäden geringer, wenn die Elektronen wegen des Widerstandes nicht überhaupt größtenteils den Umweg um den Fisch herum nehmen.

Ab und zu sterben Fische in Gewässern übrigens sehr wohl nach Blitzeinschlägen, aber nur, wenn sie nicht weit genug vom Einschlagort entfernt sind. Dann verkrampfen durch den elektrischen Impuls ihre Muskeln derart, dass das Rückgrat brechen kann, was Fischen genauso wie Menschen nicht guttut.

So etwas passiert aber in der Regel eher bei Zuchtfischen, die in großer Anzahl in Teichen gehalten werden, die nicht besonders tief sind. Dort müsste man für die Fische einen Blitzableiter bauen.

Zum Goldenen Hirschen

Um 1551 wurden auf dem Wiener Stephansdom acht Hirschgeweihe als Blitzableiter angebracht. Da die Bevölkerung sich gewisse Naturereignisse wie Donner und Blitz damals nicht erklären konnte, entstanden – aus heutiger Sicht – recht primitive Erklärungsansätze. Die Hirschgeweihe galten deshalb als Schutz vor Blitzschlag, weil noch nie jemand gesehen hatte, dass ein Hirsch jemals von einem Blitz erschlagen worden war. Ein klassischer Fall von Synchronizität. Dass Hirsche in der Regel einfach kleiner sind als Bäume, wusste man zwar, zog es aber als Begründung nicht in Betracht.

Heute werden Hirschgeweihe nicht mehr als Blitzableiter angeboten, aber wie ein Blitzableiter funktioniert, wissen trotzdem viele Menschen nicht. Es reicht nämlich keineswegs, einfach über einen Kupferdraht, der am Dach montiert ist, die Elektronen in die Erde zu geleiten. Unter dem Haus muss auch noch eine große Kupfermatte verlegt werden, damit die Elektronen nicht nur auf eine möglichst große Fläche, sondern vielmehr auf ein möglichst großes Volumen verteilt werden. Erst dann ist ein Blitzableiter ein wirksamer Schutz. Das Kupfer unterhalb des Hauses wird mit der Zeit allerdings immer stärker korrodieren und der Blitzableiter nach einigen Jahrzehnten unbrauchbar. Deshalb sollte man den Blitzableiter durch eine einfache Messung von einem Elektriker alle fünf Jahre überprüfen lassen. Aber natürlich nicht während eines Gewitters, sonst ist am Arbeitsmarkt vielleicht blitzartig eine Stelle wieder frei. Weil ein Blitz also auf eine große Fläche verteilt werden muss, um unschädlich zu sein, handelt es sich um einen Trugschluss, dass man in einem Gebäude in jedem Fall sicherer ist bei Gewitter. In der Stadt ist man in einem Haus zwar relativ safe, weil es trotz fortschreitender Säkularisierung noch immer genug Kirchtürme gibt, die dann für Atheistinnen und Atheisten doch noch einen Sinn haben. Im Gebirge muss man aber abwägen. Denn der Untergrund, auf dem die Schutzhütten stehen, ist meist per definitionem steinig, deshalb ist die Anbringung eines Blitzableiters schwierig. Wenn man auf einer Bergwanderung in ein Gewitter gerät und eine Hütte mit Blitzableiter ist in der Nähe, dann funktioniert der meist auch. Wenn es sich aber nur um einen Unterstand handelt, sollte man sich dem lieber nicht nähern, sondern im Regen bleiben. Der stellt nämlich eine Erhebung dar, die dem Blitz gefällt: Jedes Jahr gibt es in den Bergen ein paar Todesopfer, die sich eigentlich in Sicherheit wähnten. Falls Sie in einer Abteilung arbeiten und Ihr Chef jünger und besser qualifiziert als Sie ist – und daher unter normalen Umständen Ihre Karriere in der Firma zu Ende –, dann sollten Sie, falls Sie beim nächsten Betriebsausflug in die Berge von einem Gewitter überrascht werden, untertänig vorschlagen: „Chef, stellen Sie sich unter. Mir macht der Regen nichts aus!" Der Boss wäre damit versorgt, aber Sie und Ihre Kollegenschaft sind damit noch nicht aus dem Schneider. Denn Sie sind noch immer höher als Gras oder Büsche.

Ein volkstümlicher Ratschlag lautet: Eichen weichen, Weiden meiden, Buchen suchen! Dass es sich dabei um einen schlechten Ratschlag handelt, wissen wir bereits. Aber wie kam es zu dem lebensgefährlichen Merksatz? Die Antwort ist eine in den Naturwissenschaften oft gebrauchte: Man weiß es nicht genau. Möglicherweise kommt es daher, dass die Rinde einer Buche glatt ist, die einer Eiche aber furchig. Das heißt, sie kann vergleichsweise viel Wasser speichern. Wenn nun der Blitz in die Eiche einschlägt, dann verdampft das Wasser durch die hohen Temperaturen – Sie erinnern sich, 30.000°C – explosionsartig und die Rinde schaut danach entsprechend havariert aus. An der Buchenrindenoberfläche hinterlässt der Blitz hingegen nur wenige Spuren, sie erweckt daher den Eindruck, vor Blitzen zu schützen. Wofür das wieder einmal ein Paradebeispiel ist, brauche ich, glaube ich, nicht mehr extra zu erwähnen.

Es könnte aber auch sein, dass es sich um einen Übertragungsfehler handelt und nicht die Buche gemeint war, sondern die „Bucke". Büsche wie der Beifuß wurden früher manchenorts als Bucken bezeichnet, der Rat lautet mithin, sich bei Gewitter in die Büsche zu schlagen. Das ist schon besser, als Schutz unter einem Baum zu suchen. Am besten wäre es aber, sich auf der freien Ebene in eine Vertiefung zu hocken, mit geschlossenen Beinen, und zu hoffen, dass nichts passiert. Wenn es Sie tröstet, können Sie auch beten, dem Blitz wird das aber egal sein. Wenn er Sie treffen will, dann trifft er Sie, dann lässt er sich von einer unsichtbaren Sagengestalt, zu der Sie flehen, nicht beeindrucken. Geschlossene Beine deshalb, weil die Elektronen, wie die meisten Menschen auch, den Weg des geringsten Widerstandes gehen. Wenn sie also von der Seite vorbeikommen, dann kann es zwar sein, dass sie erst ins eine Bein durch einen Schuh „hineinwandern", aber dann springen sie umgehend zum anderen Bein hinüber und verlassen den Körper wieder. Das ergibt vielleicht ein paar Brandblasen auf den Füßen und den Bedarf nach neuem Schuhwerk. Hat man die Beine gegrätscht oder, noch schlechter, liegt man am Boden, dann befinden sich an einem Ende viele Elektronen, am anderen sehr wenige, und die vielen wandern dann durch den Körper durch und hinterlassen eine Spur der Verwüstung. Man spricht in so einem Fall von großer Schrittspannung. Ob Sie, während Sie wie der Hase in der Grube hocken, das Mobiltelefon eingeschaltet haben oder nicht, spielt übrigens keine Rolle, der Blitz trifft Sie deshalb nicht eher. Das bedeutet für Ihren Betriebsausflug: Während der Chef im Unterstand die Hauptverantwortung zu übernehmen sich anschickt, hocken Sie und Ihre Kolleginnen und Kollegen in sicherem Abstand voneinander im Freien. Sie haben das Mobiltelefon auf „Filmen" eingestellt und schauen, wer die Beine am weitesten gespreizt hat. Darauf richten Sie Ihre Linse. Wenn der Blitz einschlägt, verlieren Sie zwar vielleicht einen Arbeitskollegen, haben aber eine respektable Chance auf einen YouTube-Hit.

Anhand von Blitzen lässt sich sehr gut veranschaulichen, welche großen Fortschritte wir Menschen beim Beschreiben unserer Umwelt im Laufe der Zeit gemacht haben. Vor Jahrtausenden war noch Zeus für Blitze verantwortlich, weil man sich das gewaltige Naturschauspiel nicht anders erklären konnte, dann wurden Frauen als Hexen verbrannt, wenn ein

Hof nach einem Gewitter in Flammen aufgegangen war. Bis vor ein paar Jahrzehnten bekam man noch den gut gemeinten Tipp: Buchen suchen, Weiden meiden, Eichen weichen. Und heute können wir, wenn wir wollen, sogar ein einzelnes Elektron einsperren und untersuchen (siehe die Fact Box zur Penning-Falle). Wenn Ihnen also das nächste Mal jemand kommt mit: „Wir Menschen haben den Kontakt zum alten Wissen verloren, wir müssen wieder zurück zur Natur!", dann fragen Sie, wo ungefähr man da hinmuss, und ob man Regenschutz und gute Laune mitbringen soll. Nicht dass es eine gute Idee ist, die Ressourcen unseres Planeten aufzubrauchen, als ob es kein Morgen gäbe, aber dort, wo der Mensch strikt im Einklang mit der Natur lebt, ist es in der Regel nicht gemütlich.

Dort schaut es dann im äußersten Fall aus wie bei den Mandala, einem afrikanischen Stamm, der am Ufer des Nils lebt und unter anderem Viehzucht betreibt. Die Mandala melken ihre Kühe zwar, schlachten sie aber nicht. Und wenn sie auf der Suche nach Weideflächen ins sehr trockene Landesinnere ziehen, dann duschen sich die Menschen aus Wassermangel auch mit dem Urin der Rinder. Und zwar indem sie sich hinter eine Kuh und in den Harnstrahl stellen. Die Kühe wissen, dass das gewünscht wird, und sind gerne behilflich. Das klingt nicht sehr appetitlich, aber sinnvoll, weil mangelnde Hygiene eher zu Krankheiten führt als übler Leibgeruch. Selbstverständlich schlachten die Mandala ihre Dusche genau aus diesem Grund nicht, um sie zu essen.[37] So leben die Mandala aber nicht aus freier Wahl oder weil sie das für den besseren Lebensstil halten und Fließwasser und regelmäßige Mahlzeiten als dekadent ablehnen, sondern weil sie keine andere

Wahl haben. Weil sie in der Regel Analphabeten sind und am Fortschritt nicht teilnehmen dürfen. Naturnahes Leben, das man sich nicht aussuchen kann, ist überhaupt nicht romantisch oder besser als moderne Zivilisation. Es heißt vielmehr, der Natur ausgeliefert zu sein – und sehr oft auch denen, die sie in Besitz genommen haben.

FACT BOX | *Penning-Falle*

Mit der Penning-Falle, benannt nach dem holländischen Physiker Frans Michel Penning, ist es möglich, elektrisch geladene Teilchen zu speichern und sie zu untersuchen.

Dazu werden in einem kleinen Raum von rund einem Kubikzentimeter ein Ring aus Metall und ober- und unterhalb des Ringes je zwei Platten aus Metall befestigt. Zwischen diesen drei Teilen befindet sich je ein kleiner Spalt. Nun werden die drei Bereiche elektrisch aufgeladen. Der Ring meist negativ, die beiden Polkappen positiv. Damit entsteht im Inneren ein elektrisches Feld. Elektrisch geladene Teilchen würden sich nun zu der passenden Elektrode hinbewegen, Elektronen zu den Polkappen, Protonen zum Ring. Um dies zu verhindern, wird noch zusätzlich ein Magnetfeld eingeschaltet. Dadurch müssen sich die eingebrachten elektrisch geladenen Teilchen auf einer Kreisbahn bewegen, sie bleiben im Inneren der Falle.

Ein an sich sehr einfaches Prinzip. Auf seiner Basis führte Hans Georg Dehmelt extrem präzise Messungen an Protonen und Elektronen durch, wofür er im Jahr 1989 mit dem Nobelpreis ausgezeichnet wurde.

Große Stromstärken sind für uns Menschen nicht gesund, kleine aber schon und sogar notwendig, denn auf ihrer Basis funktionieren wir. Entdeckt hat das Luigi Galvani im 18. Jahrhundert, dessen Leidenschaft den Vögeln gehörte und der eigentlich auf der Suche nach dem Fluidum des Lebens war. Er arbeitete auch mit Froschschenkeln, und eher durch Zufall berührten die Froschschenkel gleichzeitig zwei verschiedene

Metalle, namentlich Kupfer und Eisen. Die Froschschenkel und die beiden Metalle stellen eine Batterie dar, die noch aktiven Neuronen der Froschschenkel wurden durch den Strom aktiviert, was dazu führte, dass die Schenkel zu zucken begannen. Der Muskel beziehungsweise seine Neuronen stellten ein Strommessgerät dar: ein zugegeben interessantes, das aber schwer abzulesen war, weil es kein Display hatte.

Galvani erkannte nicht, dass er einen elektrischen Stromkreis aufgebaut hatte. Er glaubte, dem Hauch des Lebens auf der Spur zu sein, einer spezifischen Tierelektrizität, die sich von der Elektrizität unbelebter Materie unterschied, da es die Bewegungen der Muskeln ja nur am lebenden Frosch gebe.

Trotzdem gilt er heute als Wegbereiter der Elektrophysiologie, die die elektrochemische Signalübertragung in unserem Nervensystem beschreibt. Denn jeder menschliche Gedanke ist ein elektrischer Impuls, jede Muskelkontraktion ebenfalls. Ohne elektrischen Impuls würde unser Herz stehen bleiben. Und dann wäre auch bald das Hirn tot. Galvanis Neffe Giovanni Aldini wollte wissen, ob man einen frischen Leichnam mit Strom tatsächlich wieder zum Leben erwecken könne oder ob es nur so aussah. Er war wie viele seiner Zeitgenossen fasziniert von der gerade aufkommenden Elektrizität. Da es aber noch eineinhalb Jahrhunderte dauern sollte, bis ihre grundlegenden Gesetzmäßigkeiten formuliert sein würden, muten seine Versuche noch roh und grausam an. Er machte sich an frisch Geköpften zu schaffen, indem er den abgeschlagenen Köpfen Elektroden in die Ohren steckte, woraufhin diese wilde Grimassen schnitten. Er versuchte dasselbe mit zwei Köpfen, die einander danach sozusagen schief anschauten, und war begeistert. „Die Grimassen, die beide Gesichter einander machten, waren wunderbar und beängstigend", schrieb er in seinem Buch *Essai théorique et expérimental sur le galvanisme*, und dass bei diesem Anblick die ersten Zuschauer in Ohnmacht fielen.[38] Auf dem Höhepunkt seiner Experimente elektrisierte er am 18. Jänner 1803 den Leichnam des durch Erhängen hingerichteten englischen Mörders George Forster. Der *Newsgate Calendar* berichtete davon wie folgt: „On the first application of the process to the face, the jaws of the deceased criminal began to quiver, and the adjoining muscles were horribly contorted, and one eye was actually opened. In the subsequent part of the process the right hand was raised and clenched, and the legs and thighs were set in motion. Mr Pass, the beadle of the *Surgeons' Company*, who was officially present during this experiment, was so alarmed that he died of fright soon after his return home."[39]

Dass der Beadle der Surgeon's' Company, so etwas wie ein Bote, der für die Chirurgenvereinigung die elektrifizierte Leiche begutachten kam und kurz darauf vor Schreck in der Nachhut des Gesehenen gestorben sein soll, ausgerechnet „Mr. Pass" genannt wird, muss aber – wenn man bedenkt, dass *to pass* im Englischen für verscheiden steht – den Verdacht keimen lassen, dass nicht alles an der Geschichte wahrheitsgetreu und ohne Freude am Entsetzen rapportiert worden ist. Der von Aldini mit Strom behandelte Leichnam blieb natürlich trotzdem ein solcher. Doch mit diesen Experimenten, die Aldini auch wegen ihres Schauwertes durchführte, war bewiesen, dass unser Nervensystem mittels Elektrizität funktioniert und nicht mittels Hydraulik, wie man damals vielfach noch glaubte.

You Can't Leave Your Head on

Die Frage, wie, ob und wie lange ein Kopf beziehungsweise das Gehirn darin noch lebt, beschäftigt bis heute viele Menschen. Denn tatsächlich könnte es sein, dass in einem abgetrennten Kopf noch für ein paar Sekunden Bewusstsein herrscht. Zumindest legen das Tierversuche nahe. Die Augen in guillotinierten Ratten bewegen sich noch eine Zeit lang und das Gehirn von mit Stromstößen getöteten Hunden, deren Herz sofort still stand, zeigte erst nach zwölf Sekunden EEG-Funktionen, die sich von denen lebender Tiere unterschieden.[40] Der englische Seefahrer und Schriftsteller Sir Walter Raleigh soll kurz vor seiner Enthauptung angesichts des Beils, das ihm den Kopf vom Rumpf trennen sollte, gesagt haben: „Dies ist eine scharfe Medizin, doch es ist ein Medicus für alle Krankheiten." Und dann noch: „Wenn das Herz am rechten Fleck ist, spielt es keine Rolle, wo der Kopf ist." Seine Witwe war anderer Meinung und hat den Kopf ihres Mannes nach seiner Hinrichtung 30 Jahre lang in einer roten Samttasche mit sich herumgetragen. Das würde man heute beides eher nicht mehr machen in unseren Breiten, Köpfen und Köpfe mit sich herumtragen. Das Aufheben und Herumtragen von Körperteilen hat sich allerdings bis heute erhalten, man nennt es Reliquienverehrung und es bringt den Gegenden, die einen populären Body Part anzubieten haben, viel Geld.

FACT BOX | *Turiner Grabtuch*

Fälschungen wie das Grabtuch von Turin sind ein verlässlicher Devisenbringer. Wobei es sich streng genommen erstens nicht um eine Reliquie handelt, denn es ist verlässlich kein Blut auf dem Stofftuch, und zweitens nicht um eine Fälschung, sondern um ein Originalkunstwerk, aber eben nicht aus dem ersten Jahrhundert unserer Zeitrechnung, sondern aus einer deutlich späteren Zeit. Das weiß man durch die C14-Methode. Bei dieser Methode zur Altersbestimmung organischer Materialien macht man sich den Zerfallsprozess des extrem seltenen Kohlenstoffisotopes ^{14}C zunutze. ^{14}C wird bei Zusammenstößen von der aus dem Weltraum kommenden kosmischen Strahlung mit Stickstoffatomen der Luft gebildet. Pflanzen nehmen, solange sie leben, das radioaktive ^{14}C mit dem Kohlendioxid aus der Luft auf. Die ^{14}C-Aufnahme endet, wenn die Pflanze stirbt. Ob die Seele der Pflanze ins Paradies kommt, ist nicht bekannt, aber unwahrscheinlich. Das ^{14}C jedenfalls zerfällt nun in der Pflanze mit einer Halbwertszeit von 5.380 Jahren und wird also kontinuierlich weniger. Immer nach 5.380 Jahren ist jeweils nur mehr die Hälfte der 14C-Menge vorhanden. Das Gleiche gilt für Tiere oder Menschen, die sich ja von Pflanzen ernähren. Man kann auf diese Weise das Alter von organischem Material hervorragend bestimmen und weiß daher, dass der wahrscheinlichste Entstehungszeitraum des Grabtuches zwischen 1260 und 1390 liegt. Aufpassen muss man nur, dass bei C14 alle vom selben sprechen. Weil: C14 kann laut einem anderen erfolgreichen Aberglauben auch bedeuten, dass abgestandenes Wasser stark verdünnt und geschüttelt wurde. Dann muss man sich auf eine Erstverschlimmerung gefasst machen und erfährt nichts über das Alter des Grabtuches. Eine 600 Jahre dauernde Laufbahn wäre an sich eine tolle Leistung für ein Stofftuch, aber manchen reicht das trotzdem nicht. Der Wiener Kardinal Christoph Schönborn etwa verlangt von dem Bild auf dem Grabtuch mehr: „Es [das Bild] muss durch eine ganz kurze, sehr starke Hitzeeinwirkung wie in den Stoff eingebrannt worden sein. Könnte es der Moment der Auferstehung gewesen sein?“[41] Wie muss man sich das vorstellen? Hat Jesus einen Kavalierstart hingelegt, ist es bei der Entstehung des Grabtuchs wirklich so zugegangen wie beim GTI-Treffen im Kärntner Reifnitz, und der Heiland hat bei der Auferstehung Gummi gegeben? Wer Menschen dazu bringt, so etwas zu glauben, der kann ihnen fast alles verkaufen. Und wird es auch tun, solange es leicht geht.

Es gibt Tiere, die können ohne Kopf eine Zeit lang weiterleben. Gemeint sind aber nicht geköpfte Hühner, die im Hof herumflattern, bis die motorischen Signale, die vom Rückenmark an die Muskeln gesendet werden, erlöschen. Gemeint ist wirkliches Weiterleben – und die Rede von Regenwürmern und Schaben.

Regenwürmer, die der Wurmgrunzer an die Oberfläche lockt, dann aber beim Aufklauben versehentlich zerreißt und verwirft, können sich unter bestimmten Voraussetzungen restaurieren. Die lebenswichtigen Organe des Wurms liegen in der Körpermitte. Ein ausgewachsener Wurm hat bis zu 160 Segmente, nur wenn der Wurm hinter dem 40. Segment zu Schaden kommt, hat das Vorderteil eine Chance auf Regeneration. Sonst nicht. Grundsätzlich ist die Autovervollständigungsfähigkeit des Wurmes beeindruckend, allerdings kann leider nur das Afterteil nachgebaut werden. Wenn der Mund einmal weg ist (er liegt rund vier Segmente hinter dem vorderen Ende des Tieres), dann heißt es Game over.

In Ausnahmefällen kann ein abgetrenntes Hinterteil sogar anstelle des Kopfes ein zweites Hinterteil nachbilden. Ein tolles Kunststück des wirbellosen Publikumslieblings, leider kann der Wurm nach gelungener Übung ohne Mund nicht „Juhu!" schreien, sondern verhungert vielmehr ohne Worte. In der Praxis kommen aber weder vorne noch hinten regenerierte Würmer häufig vor, weil ein verletzter Regenwurm sich einerseits sehr leicht eine lebensgefährliche Pilz- oder bakterielle Infektion zuzieht, andererseits während der Rekonvaleszenz in eine Körperstarre verfällt, also quasi das Bett hüten muss, vor Feinden nicht flüchten kann und somit leichte Beute wird. Manche Maulwürfe wissen das und beißen deshalb von Regenwürmern, die sie starr besser lagern können, nur ein Stück ab. Und solange die sich reparieren, liegen sie frisch und saftig, aber unbeweglich in der Speisekammer.[42]

Schaben bzw. Kakerlaken können ohne Kopf am längsten von allen Tieren der Welt weiterleben, mehrere Tage lang, ohne sich krank zu melden. Damit sind sie die unangefochtenen Rekordhalter, von einem Kopf-an-Kopf-Rennen kann nicht die Rede sein. Weil das aber keinem Sponsor imponiert und den meisten Menschen vor Schaben graust, gibt es dafür keinen Pokal. Schaben erfreuen sich ja nur sehr geringer Beliebtheit. Unter anderem, weil ihnen nachgesagt wird, sie seien Krankheitsüberträger. Was auch stimmt. Sie transportieren Schimmelpilze und über 40 krankheitsauslösende Bakterien und Viren durch die Gegend. Überall hin. Allerdings kaum Pestbazillen, was ihnen jahrhundertelang vorgeworfen wurde. Von den fast 4.000 Arten haben nur 25 bis 30 Peststatus, also weniger als ein Prozent! Damit schaffen sie es einerseits praktisch nirgendwo in einen Landtag, andererseits sind sie aber trotzdem in so gut wie allen drinnen. Dabei können manche Schaben als extrem interessante Tiere gelten. Beispielsweise die Madagaskar-Fauchschabe. Sie wird bis zu 60 Millimeter lang, hat keine Flügel und ist lebend gebärend. Das heißt, die Weibchen legen natürlich schon Eier, Säugetiere sind sie keine, aber sie legen die Eier in sich ab, und die Jungen kommen dann schon lebendig aus dem Mutterleib heraus. Und machen was, sobald sie trocken hinter den Ohren sind? Fauchen natürlich, ganz richtig, dazu sind sie ja unter anderem auf die Welt gekommen. Wenn man von einem Madagaskarurlaub heimgekehrt seine Koffer auspackt, ist das vermutlich kein Geräusch, das man gerne hören möchte. Fauchschaben fauchen übrigens nicht nur, um Raubfeinde abzuwehren, sondern sie fauchen sich auch untereinander an, benützen das Fauchen gewissermaßen als Sprache. Alle Kakerlaken können sich äußerst gut an ihre jeweiligen Lebensumstände anpassen. Sie sind praktisch die Ratten unter den Insekten, so wie die Elstern die Schimpansen unter den Vögeln sind. Das Weiterleben ohne Kopf, bis zu eineinhalb Wochen, gelingt ihnen so locker. Einer jakobinischen Kakerlake den Sinn der Guillotine zu erklären, wäre kein leichtes Unterfangen.

Schaben besitzen zwar ein Gehirn im Kopf, aber sie sind ausgesprochen föderalistisch gebaut. Sie sind mit einem sogenannten Strickleiternervensystem ausgestattet, das in jedem Körpersegment ein Ganglienpaar aufweist. Diese kleinen Gehirne steuern im Brustbereich die Bewegung von Beinen und Flügeln und im Hinterleib die Verdauung. Unter anderem deshalb sind Kakerlaken so schnell. Sie laufen schon davon, bevor sie sich dazu entschlossen haben. Und wenn sie sich woanders wiederfinden, denken sie vielleicht: „Interessant, bin ich offenbar wieder einmal davongelaufen." Die Höchstgeschwindigkeit mancher Schabenarten kann bis zu 5,4 Kilometer pro Stunde betragen. Das klingt nach gemächlicher Fortbewegung, heißt aber, dass die Schabe pro Sekunde das 50-Fache ihrer Körperlänge zurücklegen kann. Hochgerechnet auf einen Menschen würde das eine Laufgeschwindigkeit von 330 Kilometern pro Stunde bedeuten. Deshalb steht die Entfernung des Kopfes samt Oberschlundganglion, so heißt das eigentliche Gehirn, zwar nicht auf der Geburtstagswunschliste der Kakerlake, ist aber im ersten Moment auch noch kein Grund, anstehende Termine abzusagen. Wenn sie etwa nur im Freundeskreis beim Siedeln helfen muss oder neue Schuhe eingehen, dann reicht einstweilen auch, was noch übrig ist. Leider müsste die Schabe aber irgendwann doch etwas essen, und da tut sich auch dieses Insekt ohne Mund, der als Aussparung im Kopf angelegt ist, ausgesprochen schwer. Und so verhungert und verdurstet es nach angemessener Zeit.

Die Bestie Mensch

Wenn einem Menschen der Kopf abgeschlagen wird, dann finden wir das heute grausam. Zu Recht. Wenn der Kopf oben bleibt, dann ist der Mensch aber mitunter zu noch grausameren Dingen fähig. Der Österreicher Josef Fritzl wurde dafür bekannt, dass er in seinem Keller, mit Wissen seiner Frau, seine Tochter 24 Jahre unterirdisch gefangen hielt und mit ihr gegen ihren Willen sieben Kinder zeugte, von denen er drei ebenfalls im Keller hielt. Eines, das kurz nach der Geburt verstorben war, hat er im Ofen verheizt. Armin Meiwes, der sogenannte Kannibale von Rotenburg, tötete und verspeiste Bernd Brandes, der sich das angeblich gewünscht hatte. Meiwes schnitt seinem Opfer den Penis ab und die beiden versuchten, ihn zu verspeisen. Was aber nicht gelang, weil sich beide nicht in kulinarischer Physik auskannten. Ein Penis ist zu flachsig zum Anbraten, daraus kann man höchstens Gulasch machen. Schließlich tötete Meiwes Brandes. Das alles gibt es auf Video. In den darauffolgenden zehn Monaten verspeiste er knapp 20 Kilogramm seines Opfers. Laut Aussagen des Kriminalpsychologen Thomas Müller war es bereits seit dem siebten Lebensjahr Meiwes' großer Wunsch, einmal in seinem Leben einen Menschen zu essen.

Weiterhin in den Charts der bestialischsten menschlichen Gewohnheiten vertreten: die kolumbianische Krawatte. Als solche bezeichnet man eine besondere Form der Feindesvernichtung, ursprünglich aus dem kolumbianischen Gangstermilieu und handwerklich gar nicht leicht. Es gilt nämlich, mit einem Messer einen Kehlschnitt auszuführen, der es erlaubt, die Zunge des Ermordeten durch den aufgeschlitzten Hals zu ziehen, was dann ein wenig an eine Krawatte erinnert. Und um einem Gegner gegebenenfalls mitzuteilen, dass man weder ihn noch seine Nachkommen zu seinen Zeitgenossen zählen möchte, wird im Rahmen der Maßnahme „Den Samen nehmen" seiner schwangeren Frauen der Bauch aufgeschlitzt und der Fötus durch einen Hahn ersetzt.

Nicht immer ist der Tod das Ziel, wenn Menschen grausame und absonderliche Dinge tun. In Indonesien werden Orang-Utan-Weibchen am ganzen Körper rasiert, geschminkt und an Freier vermietet, an Menschenmänner, die mit den Menschenaffen Geschlechtsverkehr haben. Das weiß man, weil ab und zu solche Tiere befreit werden können, und weil Männer aus Industrienationen so etwas ausprobieren und dann psychiatrische Behandlung brauchen, weil sie mit den Bildern in ihrem Kopf nicht mehr zurande kommen, wenn sie wieder zu Hause mit ihren Partnerinnen schlafen. Nach Japan kann man fliegen, wenn man gerne mit Enten kopuliert. Es handelt sich nicht um ein Massenphänomen, aber es wird gewerbsmäßig in Bordellen angeboten. Männer, die das schätzen, drehen den Enten im Moment des Orgasmus den Kragen um, weil sich dadurch deren Sphinkter verengt, was die Sensation steigern soll. Und und und. Das ist nur eine Preview von dem, was Menschen machen, weil sie es sich ausdenken können. Weil unser Gehirn so ein mächtiger Apparat ist, dass wir anderen unseren Willen aufzwingen können. Als Mensch hat man zumindest eine reelle Chance, sich dagegen zu wehren, als Tier können Sie eigentlich nur warten, bis die Menschheit von der Evolution aus den Regalen genommen wird.

Und deshalb sollten Sie lieber kein Seehase und kein Wasserbär sein wollen, sondern ein Wurmgrunzer. Wenn Sie die Wahl haben. Wegen dieses kleinen Unterschiedes. Auch wenn die Grenzen in Zukunft beträchtlich verschwimmen werden.

KAPITEL VI

UNSTERBLICHKEIT

Albert Einstein wird folgende Aussage zugeschrieben: „Wenn die Bienen verschwinden, hat der Mensch nur noch vier Jahre zu leben; keine Bienen mehr, keine Pflanzen, keine Tiere, keine Menschen mehr."[43]

Das heißt für Außerirdische, die die Welt übernehmen wollen: Biochemie studieren, dann eine Kapsel mit einem Virus auf der Erde absetzen, der alle Bienen tötet, und nach ein paar Jahren ist die Menschheit verschwunden und der Bauplatz frei. Und mit allem, was nach dem Menschen kommt, werden sie schon fertig, schließlich war schon der Mensch auf der Erde Sieger in den letzten Jahrtausenden. Sehr praktisch. Viel praktischer, als die weite Reise von einem anderen Sonnensystem zu uns zu machen, um dann die Menschheit in einem konventionellen Krieg auszulöschen. Allein was das kostet, die gewaltigen Waffensysteme viele Lichtjahre zu transportieren. Warum kompliziert, wenn es einfach auch geht? Dass die Menschheit ohne Bienen dem Untergang geweiht sei, klingt allerdings nur dann einleuchtend, wenn man nicht weiß, dass Hummeln, Fliegen, Wespen und Schmetterlinge für die Bestäubung fast genauso wichtig sind wie Bienen. Tomaten in Gewächshäusern lässt man beispielsweise von Hummeln bestäuben. Viel erledigt auch der Wind, er bestäubt so gut wie alle Getreidearten, inklusive Mais und Reis. Ebenso sind viele (in den gemäßigten Zonen fast alle) forstwirtschaftlich relevanten Baumarten windbestäubt, und Öl- und Dattelpalmen bestäubt der Käfer.

Manche Pflanzen machen die Bestäubung sogar selbst. Darüber hinaus werden vor allem in nicht gemäßigten Zonen sehr viele Früchte beziehungsweise die Blüten, aus denen sie hervorgehen, von Vögeln bestäubt. Oder von Fledermäusen. Die können so was auch. Blütenfledermäuse besitzen eine sehr lange Zunge – da braucht Gene Simmons nicht vorbeischauen, wenn sich die *Glossophaginae*, wie Blütenfledermäuse zoologisch genannt werden, zum Längste-Zunge-Wettbewerb angemeldet haben. Die Zunge einer Blütenfledermaus aus Ecuador ist eineinhalbmal so lang wie das ganze restliche Tier. Diese Fledermaus kann beispielsweise im Stehen Sachen vom Boden aufschlecken, ohne mit dem Kopf auch nur nicken zu müssen. Und sie kann am ganzen Körper mit der Zunge machen, was immer sie will. Weil sie überall hinkommt. Der zoologische Name dieser Fledermausart lautet übrigens *Anoura fistulata*, und es wäre interessant zu wissen, woran Sie jetzt denken, nachdem Sie den Namen in diesem Zusammenhang gehört haben.

Das heißt aber nicht, dass Sie Bienen, die Sie treffen, ohne Konsequenzen schmähen, zertreten oder vergiften können, weil Sie sich von ihnen getäuscht fühlen. Bienen sind als Lebewesen auf der Erde Kollegen von uns, die man respektieren sollte. Auch ohne ihre wirtschaftliche Bedeutung, die sie heute darüber hinaus zweifellos für uns haben.

Die Honigbiene *(Apis mellifera)* ist in weiten Teilen der Welt gegenwärtig der wichtigste Bestäuber vieler Kulturpflanzen. Würde die Honigbiene aussterben, so würde es bei vielen Kulturpflanzen beträchtliche Ertragseinbußen geben. Aber längst nicht bei allen. Man darf nicht vergessen: Honigbienen kamen ursprünglich nur in der Alten Welt aka Afrika und Eurasien vor. Das heißt, in Nord- oder Südamerika sind alle Pflanzen im Laufe der Evolution entstanden, ohne über Millionen von Jahren je eine Honigbiene gesehen zu haben. Und hat es ihnen geschadet? Aus der sogenannten Neuen Welt stammen etwa Tomaten, Erdäpfel, Paprika, grüne Bohnen, sie alle konnten über lange erdgeschichtliche Zeiträume existieren, ohne Honigbienen. Das eingangs angeführte Zitat über die Bienen wird Albert Einstein zwar gerne zugeschrieben, es stammt aber wahrscheinlich gar nicht von ihm, und selbst wenn, hätte er ausnahmsweise einmal nicht recht gehabt. Das Ende der Bienen wäre längst nicht das Ende der Menschheit.

Wobei Biene nicht gleich Biene ist. Wenn man bei uns an Bienen denkt, dann eigentlich ausschließlich an Honigbienen. Dabei produzieren die meisten Bienenarten gar keinen Honig, viele Wildbienenarten leben solitär, das heißt in Single-Haushalten und nicht im Stock. Aber die Honigbiene ist uns Menschen besonders sympathisch, weil sie so fleißig und selbstlos ist, sich von uns den Honig wegnehmen lässt, und wenn sie uns sticht, dann muss sie zur Strafe sofort sterben, ohne Bewährung, das ist Gerechtigkeit, wie viele sie mögen. Der amtierende Dalai Lama liebt übrigens Honig heiß, bekommt auf seinen Reisen regelmäßig Honigkörbe geschenkt und will nicht ausschließen, sich im nächsten Leben als Biene wiedergebären zu lassen.[44] Weil er glaubt, dass er es sich dadurch verbessern kann: „I am often moved by the example of small insects, such as bees. The laws of nature dictate that bees work together in order to survive. As a result, they possess an instinctive sense of social responsibility. They have no constitution, laws, police, religion or moral training, but because of their nature they labour faithfully together. Occasionally they may fight, but in general the whole colony survives on the basis of cooperation. Human beings, on the other hand, have constitutions, vast legal systems and police forces; we have religion, remarkable intelligence and a heart with great capacity to love. But despite our many extraordinary qualities, in actual practice we lag behind those small insects; in some ways, I feel we are poorer than the bees."[45]

Man hat von Religionsfunktionären auch schon Dümmeres gehört, aber besonders schlau ist auch das nicht. Denn Bienen benehmen sich so, weil sie es nicht besser können. Und so nett sind Bienen gar nicht zueinander. Wenn sie alt oder krank werden, müssen sie sich vom Stock entfernen. Wenn sie es nicht freiwillig tun, werden sie gewaltsam hinausgeworfen, was ihren sicheren Tod bedeutet. In manchen Pflegeheimen mag es nicht angenehm zugehen, aber Alte und Kranke auf die Straße zu setzen, ist bei uns Menschen die Ausnahme und nicht die Regel.

Außerdem haben wir Menschen die Demokratie entwickelt und in vielen Ländern die Monarchie überwunden, was die meisten Menschen, die keine Heiligkeit sind, als Fortschritt empfinden.

Vielleicht sind Bienen aber auch deshalb so beliebt, weil sie auf manche Substanzen ähnlich reagieren wie wir. Stellen Sie sich vor, der faule Willi kommt mit geweiteten Pupillen und geröteten Nasenlöchern von einem Ausflug zum Bienenstock zurück, leckt sich permanent über die Lippen, zieht dauernd die Nase auf und erzählt wie aufgedreht, dass er die urgeile Superblumenwiese entdeckt habe, mit den Megastempeln und so, da reichen zwei Hände nicht zum Zeigen, Wahnsinn!

Was würden Sie vermuten? Willi hat den Probemonat in der Werbeagentur überstanden? Das wäre natürlich ungerecht und falsch. „Die Droge ist da, wo mit Hochgeschwindigkeit gearbeitet wird", beschrieb der Soziologe Günter Amendt das Biotop von Kokain[46], und nachdem sich in den letzten 20 Jahren der Preis für Kokain halbiert hat und man den Stoff vor allem in Städten ohne Schwierigkeiten kaufen kann, lässt sich eigentlich nicht mehr sagen, dass es eine bestimmte Zielgruppe gibt. Immerhin werden Bienen aus demselben Grund genauso schnell nach Kokain süchtig wie wir Menschen: weil ihr Belohnungssystem aktiviert wird. Tatsächlich benehmen sich Bienen auf Koks ähnlich wie Menschen und neigen zur maßlosen Übertreibung. Sie werden allerdings unter Kokaineinfluss nicht egoistisch und größenwahnsinnig, sondern altruistisch, es wird also ihr normales Verhalten, dem Bienenvolk zu dienen, verstärkt. Und man muss ihnen das Kokain auf den Körper träufeln. Freiwillig besorgen sie es sich nicht. Wenn man ihnen einen Spiegel, ein Röhrchen und zwei Lines lediglich hinlegt, dann kann man lange warten.

Weil aber selbst bei Kokainabhängigkeit die Nase intakt bleibt, können Bienen sehr gut riechen. Viel besser als Hunde. Deshalb werden sie trainiert, um Landminen aufzuspüren. Man kann Bienen in wenigen Stunden beibringen, den Duft von bestimmten Sprengstoffen für Futter zu halten. Wenn sie nun so ein „Futter“ gefunden haben, kehren sie in den Stock zurück und tanzen, um den anderen mitzuteilen, wo sich der gedeckte Tisch befindet. Mittels Miniantenne, die auf der Minensuchbiene montiert wird, oder einem Lasersystem, das die Bewegungen und Reaktionen der Biene erfasst, können ziemlich genaue Angaben über die Lage von Minenfeldern gemacht werden, manchmal sogar einzelner Minen. Der Vorteil solcher minesweeper bees: Sie sind billig, schnell herzustellen und die Gefahr, dass sie wie ein Minensuchhund, dessen Ausbildung Monate dauert, unabsichtlich eine Mine zur Explosion bringen, ist gleich null. Der Nachteil: Sie fliegen nicht in der Nacht, bei Regen oder Kälte, werden gern von Hornissen und Vögeln gefressen, und wenn andere starke Gerüche in der Gegend vorkommen, dann reagieren sie auch auf diese.[47] Es wird also leider noch eine Zeit lang dauern, bis wir Bienen zur Räumung von Landminenfeldern tatsächlich flächendeckend verwenden werden können, aber die Vorstellung, dass der Dalai Lama irgendwann mit einer Miniantenne am Rücken auf einer Landmine landet, weil er sie für Futter hält, ist schon heute schön.

The End of the World as We Know It

Dass man sich für einen Weltuntergang ein bisschen mehr anstrengen muss, als einfach nur die Bienen auszurotten, hätten sich die Außerirdischen aber auch selber denken können.

Denn der Weltuntergang ist die ultimative Fantasie der Menschheit, der kann nicht einfach aus der Portokasse bezahlt werden. Da gibt es eine Gästeliste, handverlesen. Die meisten Menschen sind religiös und glauben an überirdische, mächtige Fantasiegestalten, von deren Gutdünken sie abhängig und in deren Verein sie deshalb Mitglied sind, um vollen Versicherungsschutz zu genießen. Der Geschäftsgegenstand dieser Vereine ist der Weltuntergang, von dem sich die meisten Menschen Erlösung von Schmerz und Qualen und Desaster wünschen, und Unsterblichkeit in angenehmer Wohnumgebung. Wer so etwas glaubt, der macht das sehr oft nicht aus Einfältigkeit, sondern weil er sich eine Rendite davon erwartet. Quasi die Vorteile eines Gold-Card-Besitzes. Die Vorstellung, dass das Schicksal der Menschheit in der Hand von Außerirdischen ruht, ist fast so alt wie die Menschheit selbst. So gut wie alle Religionen der Welt sind nicht deshalb erfunden worden, damit es den Menschen zeitlebens besser geht, sondern damit es nach dem Weltuntergang (Jüngstes Gericht, Armageddon etc., es gibt hier viele Markennamen) den nicht Auserwählten deutlich schlechter geht als den Auserwählten. Denn wenn man sich die Paradieskonzepte der

Weltreligionen ansieht, dann führen die Menschen im Jenseits in der Regel kein interessantes, spannendes Leben, mit anregenden Gesprächen im Kreise geistreicher Zeitgenossen, sondern es geht ihnen hauptsächlich dadurch besser, dass es anderen in der Hölle oder deren Äquivalenten schlechter geht. Der Service im Paradies ist zumeist nicht besonders spektakulär. Die Privilegierten tauschen ihre irdischen Schmerzen und Ängste gegen weitgehende Entrechtung. Im Christentum gegen ein zeit- und körperloses Sein mit Lobpreis, im Islam mit Jungfrauen oder wahlweise, je nach Übersetzung, mit Weintrauben, also frischem Obst. Das Paradies der Mormonen soll unter anderem darin bestehen, dass man dort mit all seinen Verwandten, seiner gesamten Familie wieder vereint sein wird auf immer. Nicht auszudenken, wie dort die Hölle ausschauen muss.

Leider bereitet den stellvertretenden Funktionären dieser gestaltlosen Gottheiten auf der Erde die Bereitstellung von Auserwähltsein, von designierter Exklusivität der Vereinsmitglieder, bislang erhebliche Schwierigkeiten. Denn alle Menschen sind genetisch mehr oder weniger gleich, alle sind gleich gut oder gleich schlecht geboren. Wer von sich behaupten will, er sei mehr wert als andere, kann das gerne tun, einen Beleg dafür hat er nicht.

Aberglaubensvereinigungen wie Kirchen, Sekten und dergleichen mehr und epigonale, rassistische Ideologien wie Faschismus oder Nationalsozialismus haben für ihre Anhänger deshalb Herrenmenschenkonzepte erfunden, um sie über den Rest der Welt, die Ungläubigen oder Untermenschen zu stellen. Bislang wurde eigene Erhöhung nämlich in der Regel nur über die Erniedrigung, Bekämpfung und oft auch Ausrottung der anderen erreicht, denen man Unwürdigkeit und niedere Eignung zugesprochen hatte. Das machte diese Ideologien auch immer so dumm, uninteressant, gemeingefährlich und grausam.

Heute, im 21. Jahrhundert, steht die Menschheit erstmals an der Schwelle eines Zeitalters, in dem die ersehnte Selbsterhöhung technisch möglich wird, ohne andere dafür vernichten zu müssen. Dieser Ansatz ist kein religiöser, er kann auf Götter verzichten, auf Gebote, Heilige und anderes Inventar, worum sich in Kirchen die Platzwarte kümmern müssen. Aber auch das Versprechen der Wissenschaft kommt nicht ohne Unsterblichkeit aus. Kurz gesagt: Weil die Menschen sich nicht an den Gedanken gewöhnen können, sterben zu müssen, bleibt die Unsterblichkeit ihre größte, ungestillte Leidenschaft. Leider handelt es sich momentan auch hier um ein exklusives Versprechen für wenige. Aber immerhin lautet das Ziel: ewiges Leben für alle.

Dass die Menschen bleiben können, wie sie sind, wenn sie unsterblich werden möchten, ist unwahrscheinlich. Man kann sich das durchaus so vorstellen, dass wir uns momentan im Larvenstadium befinden, aber kurz vor der Verpuppung stehen, um in ein paar Jahrzehnten als wunderschöner Schmetterling neu geboren zu werden. Das ist der Zeitrahmen, so stellen sich Wissenschaftlerinnen und Wissenschaftler, die auf Gebieten wie Biotechnologie, Robotik, Molekularbiologie, Neurowissenschaften, (Neuro-)Informatik und dergleichen mehr arbeiten, unsere Zukunft vor. So eitel und stolz auf ihre Fähigkeiten sie im Einzelnen auch sein mögen, eines steht fest: Sie sind nicht zufrieden mit dem, was sie aktuell sind. Aber wohin werden wir Menschen uns verändern? In zwei Richtungen wird intensiv geforscht, und es ist längst nicht ausgemacht, wer das Rennen gewinnt. Werden wir eher Roboter oder eher Tiere? Noch können Sie es sich aussuchen.

1) I-Robot
Als wär's ein Teil von mir

Wie soll man sich Menschen vorstellen, die sich im Rahmen ihrer Evolution zum Roboter weiterentwickelt haben? Wie im Film *Terminator 2*?

Die Älteren können sich vielleicht noch erinnern – und die Jüngeren sollen bitte die Altvorderen fragen –, dass gegen Ende des Actionfilmklassikers nach einer Verfolgungsjagd ein Tanklastkraftwagen zerbricht und seine Ladung, flüssigen Stickstoff, in eine Fabrik hinein ergießt. Die Arbeiter fliehen in Panik, *T-1000*, der unverwüstliche Bösewicht aus der Zukunft und flüssigem Metall, das beinahe jede beliebige Form annehmen kann, entsteigt dem havarierten Gefahrguttransporter unversehrt, um seinen Montageauftrag zu erfüllen, nämlich den zur Tatzeit noch halbwüchsigen John Connor, dem eine beachtliche Karriere als Retter der Menschheit bevorsteht, sachgemäß aus dem Einwohnermelderegister zu tilgen. Aber er hat die Rechnung erstens ohne flüssigen Stickstoff gemacht und zweitens ohne sein Vorgängermodell *T-800 (Modell 101)*. Flüssiger Stickstoff hat eine Temperatur von 77 Kelvin, oder, für Celsius-Fans, minus 196°C. Das ist sehr kalt. Der *T-1000* gefriert noch während des Gehens und wird letztlich vom *T-800*, dargestellt vom Exil-Steirer Arnold Schwarzenegger, unter Zuhilfenahme einer automatischen Faustfeuerwaffe in Tausende Teile zerschossen. So macht das der Auslandsösterreicher. Man kennt das vom Winter 1942. Er wartet, bis es kalt ist, und schießt. Damals bei Stalingrad war es schon sehr kalt. Minus 196°C sind aber noch deutlich kälter. Da sagt der Hausverstand: Bei dieser Kälte friert alles ein, ab, zerbricht, nimmt jedenfalls umgehend beträchtlichen Schaden. Was sagt uns das? Zuerst einmal, dass der Hausverstand nicht der Schlaueste ist. Das zu wissen schadet nie. Denn: *T-1000* survives. Im Weiteren hat ein Terminator allerdings ein Bewusstsein, und wie man so etwas nachbauen soll, weiß heute noch kein Mensch. Da beginnen die Probleme schon und enden bei Weitem noch nicht. Der Terminator, den Arnold Schwarzenegger spielt, wird in den Filmen übrigens als Cyborg bezeichnet, was nicht korrekt ist. Denn ein Cyborg ist ein Mensch, der durch technische Umbauten zur Menschmaschine wird. Ein derartiger Terminator wäre eher als Android zu bezeichnen. Der Superpolizist RoboCop im gleichnamigen Film hingegen ist ein waschechter Cyborg, ein im Dienst getöteter Polizist, der als Roboter weiterlebt.

Dass ein Mensch durch ein Implantat im Gehirn zu Leistungen fähig ist, zu denen er es sonst nie gebracht hätte, klingt auch heute noch ein bisschen nach Science-Fiction, ist aber längst Realität. Neuroimplantate ermöglichen es vielen Menschen, ein weitgehend normales Leben zu führen. Es handelt sich dabei um mikroelektronische Bauteile im Bereich von Gehirn, Rückenmark, spinalen und peripheren Nerven. Die Anwendung von Neuroimplantaten kann bei rund 20 Symptomen und Krankheitsbildern zu einer Heilung oder zumindest zu einer Verbesserung der Krankheitssymptome führen. Bei der sogenannten Tiefenhirnstimulation *(Deep Brain Stimulation)* werden durch winzige Löcher im Schädel Elektroden implantiert, die bestimme Hirnareale reizen. Mithilfe dieser „Hirnschrittmacher" kann Depression von einem auf den anderen Tag geheilt werden, auch bei an Morbus Parkinson erkrankten Patienten wird diese Methode mit einigem Erfolg angewendet.[48]

Das Problem bei diesen Stimulationen besteht momentan noch darin, dass nicht bekannt ist, wie sich die Neuronen in der unmittelbaren Umgebung der Elektroden langfristig verhalten. Es gibt die Befürchtung, dass die Neuronen innerhalb von zehn Jahren degenerieren oder, wenn die Stromzufuhr nicht richtig eingestellt ist, verschmoren, und dann wird es eng, weil: Neuronen nachbauen, das kann heute noch kein Mensch. Und vermutlich wird das noch eine Zeit lang so bleiben. Riechen kann man das Verschmoren der Neuronen übrigens nicht.

Sind die Implantate jedoch nach 20 Jahren noch intakt und die Neuronen auch, dann könnte diese Technik ähnlich vielen Menschen helfen wie Herzschrittmacher schon heute. Prothesen gibt es nicht nur fürs Gehirn, sondern für Ohr, Arme, Beine und Muskeln. Bis auf das Gehirn könnte so mit der Zeit der gesamte Mensch ersetzt und verbessert werden. Das Gehirn ist das wichtigste Organ des Menschen, und am schwierigsten nachzubauen. Auch deshalb, weil man noch längst nicht verstanden hat, warum es so gut funktioniert. Und mit so wenig Energie. Es gibt zwar Projekte, die es sich zum Ziel gesetzt haben, ein nahezu komplettes menschliches Großhirn Zelle für Zelle auf einem Supercomputer zu simulieren, aber die Zweifel, ob das in absehbarer Zeit oder gar überhaupt je gelingen kann, sind genauso groß wie die Zuversicht der Befürworter dieses Unterfangens namens „Human Brain Project".[49] Dabei handelt es sich mindestens um ein Jahrhundertprojekt. Denn es ist zwar sinnvoll, ein Gehirn nachzubauen, um ihm auf die Schliche zu kommen, aber das Wichtige an einem Modell ist, dass manches vernachlässigt wird, während anderes genau abgebildet wird. Nur so kann man Zusammenhänge besser sichtbar machen und verstehen lernen. Will man alles genau nachbilden, kommt man zu den sogenannten Weltmaschinen. Das bedeutet, man kann alles damit simulieren, wirklich alles, sogar den Untergang von Atlantis. Aber letztlich erklären solche Modelle nichts.

Warum ist es so schwierig, unser Gehirn nachzubauen, unsere Intelligenz zu simulieren? Weil wir nicht einmal wissen, was Intelligenz ist. Dafür gibt es keine einheitliche, wissenschaftliche Definition, deshalb kommt es auch zu kuriosen Wortkombinationen wie *Intelligent Design* für *Gott*.

Gesetzt den Fall, man würde trotzdem ein Gehirn nachbauen und es ginge ganz gut voran, wie wüsste man, dass man es geschafft hat, ein „intelligentes" Gehirn zu erschaffen? Ganz einfach. Wenn es in der Lage ist, einen Witz zu verstehen.

Können vor lachen

Wann ist ein Witz für uns ein Witz? Sie werden staunen, dafür gibt es Parameter. Ein Witz, aus neurowissenschaftlicher Sicht, muss einige Bedingungen erfüllen, um als solcher zu gelten. Nehmen wir einen älteren Witz, in dem zwei Physiker die Hauptrolle spielen. Achtung, gut festhalten, es geht los.

„Ein Professor für theoretische Physik und ein Professor für Experimentalphysik befinden sich auf einem Kongress in einem politisch instabilen Land, früher auch gerne Bananenrepublik genannt. Genau zu diesem Zeitpunkt bricht eine Revolution aus, das neue Regime lässt beide verhaften und zum Tode verurteilen. Allerdings gewährt der Diktator beiden einen letzten Wunsch. Darauf sagt der Theoretiker: ‚Wissen Sie, ich habe mein ganzes Leben der Theorie geopfert, der String-, der Multiversen-Theorie und der Supersymmetrie und natürlich auch der Quantenkosmologie. Nur wurde es mir nie gedankt. Auf Kongressen schliefen meine Zuhörer ein und meine Vorlesungen waren immer leer. Darum wünsche ich mir, dass ich einmal in meinem Leben einen Bericht über meine Forschung vor einem rappelvollen Hörsaal halten darf. Das Publikum ist aufmerksam, interessiert und am Ende klatschen alle begeistert.‘ Der Diktator gewährt ihm seinen Wunsch und wendet sich an den Experimentalphysiker, um nach dessen Wunsch zu fragen. Der aber meint nur: ‚Ich möchte bitte gerne vor diesem Vortrag hingerichtet werden!‘“

In unserem Gehirn gibt es verschiedene Bereiche, und um einen Witz als solchen identifizieren zu können, brauchen wir den präfrontalen Cortex. Er liegt im Gehirn vorne über den Augen hinter der Stirn und ist verantwortlich für Entscheidungen. Dort werden auch Vorausberechnungen für die Zukunft getroffen. Was hat das mit einem Witz zu tun? Bei einem Witz ist es notwendig, ihn gut, das heißt, eine Geschichte zu erzählen. Auch bei Geschichten berechnen wir voraus, was passieren kann. Es muss sich allerdings um eine sinnvolle Möglichkeit handeln, sonst berechnen wir nicht. Wenn ein Witz beginnt mit: „Hosen komma X mal drei, bummbumm", dann werden wir keine sinnvolle Geschichte erwarten. Wenn wir aber etwa hören: „Rotkäppchen geht in den Wald und trifft …", dann entsteht in unserem Kopf eine Wahrnehmung dessen, was passieren wird. In diesem Fall erwarten wir aufgrund unserer Erfahrung beziehungsweise unseres erlernten Wissens, dass Rotkäppchen den bösen Wolf trifft.

Unser Gehirn wählt automatisch die wahrscheinlichste Möglichkeit aus. Wenn diese Möglichkeit eintrifft, dann sind wir beruhigt. Wenn die Vorhersage nicht eintrifft, dann wird der Oje-Schaltkreis aktiviert und wir fühlen uns schlecht.

Denn in unserem Alltag ist es wichtig, dass wir für die Zukunft immer ein paar Sekunden vorausberechnen, was am wahrscheinlichsten passieren wird. Aber es gibt immer mehrere Möglichkeiten. Das wird beim Witzeerzählen ausgenutzt. Bei einem guten Witz geht es darum, die Zuhörer dazu zu bringen, in eine bestimmte Richtung zu denken. Beim Beispielwitz mit den Physikern gäbe es folgende Möglichkeiten: Der Experimentalphysiker wünscht sich etwas, das sein Leben verlängert, etwa ein vollständiges, menschliches Gehirn auf einem Supercomputer zu simulieren, oder er reagiert mit Apathie angesichts der verzweifelten Situation oder er möchte sich zum Lebensende eine besondere Freude verschaffen, was im Falle des Experimentalphysikers Werner Gruber etwa ein knuspriger Schweinsbraten wäre.* An diese drei Möglichkeiten wird unser Gehirn vermutlich zuerst denken, aber es gibt noch eine vierte. Der Experimentalphysiker wünscht sich den Tod, das ist ungewöhnlich – aber verständlich, weil er sich den Vortrag des Theoretikers ersparen möchte.

In dem Fall realisiert unser Gehirn, dass es sich tatsächlich um eine vernünftige Lösung handelt – so entsteht ein Widerspruch zu dem vorausberechneten Verhalten und dem tatsächlichen. Diesen Widerspruch finden wir angenehm, der Witz funktioniert, wir lachen. Ein Computer würde über den Witz nicht lachen, weil er den Widerspruch nicht als komisch empfinden kann. Dazu gehört „Intelligenz", wie immer Sie die auch definieren möchten. Mag sein, dass Sie diesen Witz nicht komisch finden. Das hat dann aber andere Gründe und nichts mit Intelligenz zu tun. Aber auch wenn Sie beim Witz über die beiden Physiker nicht gelacht haben, die Witze, über die Sie lachen, funktionieren nach demselben Prinzip.

Warum wir lachen, mit den Lippen beziehungsweise mit dem Zwerchfell, ist noch unbekannt. Der griechische Philosoph Aristoteles war der Meinung, dass die Fähigkeit zu lachen den Menschen vom Tier unterscheidet. Aber hier hat er sich geirrt.

Menschenaffen können auch lachen, Ratten lachen beim Spielen und wenn man sie kitzelt, es wird sogar vermutet, dass manche Vögel lachen können. Ob sie das machen, weil sie etwas komisch finden, ist nicht bekannt. Eine Lachattacke bei Menschen kann übrigens kurz ähnlich euphorisieren wie die Einnahme von Kokain. Man kann einen

* Weil es eine liebe Tradition darstellt, dass in jedem Buch, an dem Werner Gruber als Autor mitwirkt, sein Schweinsbratenrezept abgedruckt ist, jeweils in der Version des aktuellen Updates, finden Sie es auch in diesem Buch im Anhang auf Seite 281.

Lachanfall sogar elektrisch auslösen, indem man das Lachzentrum im Gehirn stimuliert. Wenn man diese Gehirnregion mit einer Elektrode reizt, dann findet der Proband alles zum Brüllen komisch und kann vor lauter Vergnügen kaum das Wasser halten. Ganz ohne Witz.

Wenn Sie den obigen Witz nicht gemocht haben, dann mögen Sie vielleicht naturwissenschaftliche Witze lieber als Witze über Naturwissenschaftler. In den Shows der Science Busters ist Werner Gruber für den naturwissenschaftlichen Witz zuständig, einer seiner liebsten, der auch mit Bananen zu tun hat, lautet: „Was ist gelb, krumm, normiert und vollständig? Ganz einfach, der Banana-chraum!" Heinz Oberhummer und Werner Gruber amüsieren sich dabei köstlich, Martin Puntigam bräuchte in so einem Fall eine Elektrode im Lachzentrum.

2) The Beast within
Feuersalamander, Beine auseinander

Die Wahrscheinlichkeit, dass Menschen in absehbarer Zeit zu Cyborgs werden, in denen sich biologisches Material und künstliche Bauteile zumindest die Waage halten, ist eher gering. Wobei die Definition schwierig ist, denn manche Wissenschaftler meinen, Menschen seien schon dadurch, dass sie in einer technisierten Umgebung leben und vielfach von ihr abhängig sind, bereits im weitesten Sinne Cyborgs. Das animalische Pendant zu Cyborg wäre übrigens Cybrid. Oder Schimäre. Die Wahrscheinlichkeit, dass wir Menschen Tiere werden, ist mindestens genauso groß wie die, dass wir Robo-

Blütenledermaus
(anoura fistulata)
!?
Krake
(octopus vulgaris)
Dogdance
(morbus civilis)

ter werden. Manche Zeitgenossen behaupten sogar, es wäre längst passiert.

Nämlich: Was haben Bill Clinton, seine Frau Hillary, Barack Obama, George Bush und sein Sohn George W. Bush gemeinsam? Ihre Vornamen werden englisch ausgesprochen, das ist richtig, sie haben alle einen amerikanischen Pass und sie sind allesamt Reptilien. Aber nicht irgendwelche Blindschleichen, die in der Sommerwiese unter den Rasenmäher kommen, sondern reptiloide Weltherrscher. Wie sind sie das geworden?

Ganz einfach, sie sind als Reptilienwesen auf die Welt gekommen, immerhin sind sie Nachkommen von reptiloiden Wesen mit sowohl menschlichen als auch Reptilieneigenschaften vom Planetensystem „Alpha Draconis", die sich mit Menschen gekreuzt haben und die Menschheit seit Jahrtausenden nach Belieben dominieren. Auch die Mitglieder des englischen Königshauses, überhaupt viele Mächtige der Welt sind samt und sonders Echsen.

Warum schauen sie dann Menschen zum Verwechseln ähnlich? Weil es sich um Formwandler handelt, um sogenannte Shapeshifter. Sie können sich das Aussehen von Menschen geben, und nur wer genau hinschaut, kann erkennen, dass ihre Pupillen senkrecht stehen.

Normalerweise leben Reptiloide im Inneren der Erde und kommen nur manchmal an die Oberfläche. Davor müssen sie aber, wie Vampire, Menschenblut trinken, um die Kraft zum Shapeshifting zu haben und sich in Menschen zu verwandeln. Viele von ihnen sind zwischen 1,50 und 3,70 Meter groß. Das heißt, man kann davon ausgehen, dass jede Basketball-WM per se eine Reptiloiden-Jahreshauptversammlung ist. Im Weiteren sind die Reptilienwesen für Völkermorde, Massenschlachtungen von Tieren, schwarze Magie und sexuelle Perversion, Drogenpartys, Kindesmissbrauch und die Zerstörung unseres Planeten verantwortlich. Nicht die Menschen. Die sind ihrem Wesen nach gut, aber den Echsenmenschen unterlegen.

Und warum sind Reptiloide so gemein? Zum Spaß. Die Erde ist ein Disney Land für Reptiloide, hier toben sie sich aus. Sie können übrigens ganz leicht nachprüfen, ob Ihr Chef in der Firma ein Reptil ist oder nicht. Reptilien sind wechselwarm, gehen Sie also mit Ihrem Chef im Winter in die Sauna, wenn er nicht schwitzt, haben Sie einen Verdacht. Wenn Sie sich dann nach dem Aufguss im Schnee wälzen, und er wird immer langsamer und bleibt schließlich liegen, dann wissen Sie, er ist Reptiloide. Wenn er dann noch ein Ei legt, dann besteht sowieso kein Zweifel mehr.

Erfunden hat die Reptiloiden-Verschwörungstheorie der ehemalige britische Fußballprofi und vormalige Pressesprecher der englischen Grünen David Icke. Sie wird zu den zehn weltweit erfolgreichsten Verschwörungstheorien gezählt und hat Anhänger in über 47 Ländern, was ziemlich genau so viele sind, wie der Papst zu Ostern am Petersplatz grüßt. Zufall? Wohl kaum. Selbstverständlich ist der Papst auch eine Eidechse, sieht man auf den ersten Blick. Was glauben Sie, warum hat sich Papst Johannes Paul II. immer nach Flügen auf den warmen Asphalt des Rollfeldes gelegt? Das Bodenküssen war nur eine Ausrede, im Flugzeug war es kalt, er wollte sich aufwärmen.

Ich hab dich zum Fressen gern

Dass verschiedene Arten miteinander kooperieren, ist im Tierreich keineswegs ungewöhnlich. Wenn beide davon profitieren, nennt man das Symbiose, wenn beide profitieren, aber einer stärker als der andere, heißt das Helotismus, wenn aber nur einer profitiert, spricht man von Parasitismus oder Schmarotzertum.

Einen klassischen Fall von Schmarotzertum haben wir schon kennengelernt, Stechmücken aka Gelsen. Sie kommen zu uns und bauen Östrogen ab, weil sie zu faul sind, es selber zu produzieren. Das ist allerdings harmlos im Vergleich zu dem, was *Cymothoa exigua* macht. Wenn man im Lexikon nachschlägt, bekommt man die Auskunft, es handle sich dabei um einen parasitischen Krebs aus der Ordnung der *Isopoda*, der im östlichen Pazifik vorkommt und hauptsächlich verschiedene Fischarten der Gattung *Lutjanus* aus der Familie der Schnapper befällt. Denkt man sich nichts Böses, Hauptsache, der kleine Racker geht an die frische Luft und sitzt nicht die ganze Zeit vor dem Fernseher. Auf Englisch nennt man *Cymothoa exigua tongue eating louse*, und das kommt der Sache schon näher. Die Krebsweibchen suchen sich nämlich einen Schnapperfisch, saugen sich am Zungengrund fest und zapfen die dort befindliche Arterie an. Das führt dazu, dass die Zunge, oder was ein Fisch als Zunge im Maul hat, also im Wesentlichen der Überzug des Zungenbeins, degeneriert. Der Krebs nimmt nun die Stelle der Zunge ein, und auch deren Funktion, sodass der Fisch weiterhin Nahrung aufnehmen kann und der Krebs davon profitiert. Und so leben sie bis an ihr Lebensende. Wenn man ein Bild eines Schnapperfischs sieht, der statt einer Zunge einen hypertrophierten Krebs im Maul hat, dann fühlt man Mitleid und denkt: „Der arme Fisch.“ Aber dem Fisch scheint der Parasitenbefall nicht viel auszumachen, und im Vergleich zu dem, was ihm passiert, wenn er Teil einer Bouillabaisse wird, ist eine Krebszunge eine Wohltat.

Weniger gut geht so ein parasitäres Verhältnis für manche Schaben aus. Schaben können zwar ohne Kopf noch relativ lange leben, aber wenn sie an eine Juwelwespe geraten, dann geht es ihnen an den Kragen. Die Juwelwespe besitzt nämlich ein Gift, mit dem sie die Schabe lähmt.

Das wäre schon ein Sieg durch technischen k.o. für die Wespe, die um vieles kleiner ist, aber sie veredelt die Schabe in ihrer Wertschöpfungskette weiter. Der erste Stich in den Brustmuskel schränkt die Schabe massiv in ihrer Bewegungsfreiheit ein, der zweite Stich geht direkt ins Gehirn und sorgt dafür, dass der Fluchtreflex der Schabe ausgeschaltet wird. Danach lässt sich die Schabe von der Wespe wie ein Pferd an der Longe am Fühler in eine Höhle führen, in der die Wespe in die Schabe ein Ei legt, anschließend die Höhle verlässt und verschließt. Die Schabe lebt noch einige Tage weiter, denkt aber durch die Lähmung nicht an Befreiung und wird von der ausschlüpfenden Wespenlarve so lange als Jause verspeist, bis sie endgültig stirbt. Danach verpuppt sich die Larve in der Schabenhaut, um nach wenigen Wochen als wunderschön schillernde Juwelwespe zu schlüpfen, der man nichts Böses zutraut. So wirtschaftet man nachhaltig, kein Teil der Schabe bleibt ungenützt.

Nicht immer ist der Parasit kleiner als der Wirt und muss zu Gift greifen. Manchmal hat der Wirt keine Chance, weil der Parasit so viel größer ist, dass an Gegenwehr überhaupt nicht zu denken ist.

Die Meeresschnecke *Elysia chlorotica* beispielsweise überfällt eine Algenart, setzt sich auf sie, ritzt kleine Löcher in die Algen und saugt ihre Zellen aus. Das meiste der Algen verdaut die Schnecke, aber die Chloroplasten baut sie in ihren Körper ein. Pflanzen und auch Algen nutzen Chloroplasten normalerweise zur Fotosynthese. In ihnen wird mithilfe von Sonnenlicht Kohlendioxid verbraucht und Sauerstoff und auch Glukose erzeugt. Der Sauerstoff wird üblicherweise an die Luft abgegeben, die Glukose hingegen dient der Pflanze als Nahrung. Wozu aber braucht eine Meeresschnecke Chloroplasten, für ihr Chloroplasten-Sammelalbum? Nein. Die Chloroplasten gelangen in der Schnecke in spezialisierte Zellen, die den Verdauungstrakt säumen. Vom Verdauungstrakt wachsen daraufhin zahlreiche winzige Schläuche in den Körper hinein, die die Hautoberfläche erreichen und dort eine Chloroplasten enthaltende Schicht bilden. Anschließend bildet die Schnecke ihren Mund zurück und lebt von da an ausschließlich von Nährstoffen, die von den in den Körper der Schnecke eingebauten Chloroplasten stammen.

Das heißt, die Meeresschnecke stellt indirekt auf Lichtnahrung um. Vielleicht weil sie ab einem gewissen Zeitpunkt ihres Lebens keine Lust mehr hat, sich Nahrung zu suchen.

Das gibt es auch bei Menschen. Dort wird aber nicht aus Faulheit auf Lichtnahrung umgestellt, sondern aus Wichtigtuerei oder Einfalt. Die Meeresschnecke *Elysia chlorotica* gehört zur Gattung der *Elysia* in der Familie der *Placobranchidae* in der Unterordnung der Schlundsackschnecken der Ordnung der Hinterkiemerschnecken. Bei den menschlichen Lichtfastern ist die Systematik nicht so kompliziert. Es gibt nämlich nur zwei Arten von Lichtfastern: Die, die es ernst nehmen, die sind tot, alle anderen sind Schwindler oder Betrüger.

FACT BOX | *Lichtnahrung*

Beim Lichtfasten wird sogenannte Prana-Energie als vollwertiger Nahrungsmittelersatz angepriesen als, nun ja, Nahrungsmittel. Und zwar für alle. Wenn Sie sich zu einem sogenannten Lichtnahrungsprozess entschließen wird das Ihre Hauptmahlzeit. Klingt nach einseitiger Ernährung. Ist es auch. Denn wenn Sie lichtfasten, stellen Sie die Nahrungsaufnahme komplett ein und leben von Licht. In der Früh Welle, abends Teilchen, den Sonntagsbraten zirkular polarisiert. Das heißt, Sie brauchen nicht nur kein Brot, keine Milch und auch kein Klopapier mehr zu kaufen, auch die Kanalgebühren fallen weg, und Sie können Ihre Küche und Ihre Toilette vermieten. In Zeiten der Geldentwertung ein tolles Konzept. Leider kann nicht jeder einfach zu essen und trinken aufhören und nur von Licht leben, sondern ist auf die Einschulung durch besser qualifizierte Schlüsselkräfte angewiesen. Selbstverständlich kostenpflichtig. Deshalb haben die vielen Millionen Elenden und Hungernden beispielsweise in Afrika, wo in vielen Teilen, ähnlich wie im Schlaraffenland die Tauben, die Lichtteilchen vom Himmel in den Mund fliegen könnten, leider Pech gehabt. Überspitzt formuliert kann man sagen: Weil sie zu viel mit Verhungern beschäftigt sind, haben sie keine Zeit und Kraft, sich auf Lichtfaster umschulen zu lassen. Lichtfasten ist also ein Herrenmenschenkonzept für Menschen mit zu viel Zeit und zu viel Geld. Oder zu viel Leichtgläubigkeit. Denn wer den Löffel endgültig abgeben möchte[50], dem kann es auch tatsächlich passieren.

In der Schweiz hat unlängst eine Frau ihren Aberglauben mit dem Leben bezahlt[51], weil sie den Unsinn, der in dem österreichischen „Dokumentar"-Film Am Anfang war das Licht *behauptet wird, für bare Münze genommen hat. Sie hat nicht geglaubt, dass ein Auto mit Abblendlicht ein Auto mit Abblendlicht ist, und nicht Essen auf Rädern.*

Schwein ist mein ganzes Herz

Wenn Hundebesitzerinnen oder -besitzer sich entschließen, mit ihren geliebten Vierbeinern eine Karriere als Tanzpaar zu machen, dann kommt es dabei darauf an, dass die beiden während der Dogdance-Vorführung möglich eins werden. Das schaut albern aus, aber wer will, kann das natürlich machen, und nach dem Tanzen können Mensch und Tier wieder ganz leicht voneinander getrennt werden.

Das ist nicht immer so, wenn Mensch und Tier zu einer Einheit verschmelzen, und ist oft auch gar nicht gewünscht. Während die Evolution des Menschen zum Roboter vermutlich noch eine Zeit lang in erster Linie ein wissenschaftliches Avantgardeprojekt darstellen dürfte, bei dem möglicherweise schon der Weg das Ziel ist, weil auf dem Weg zum Cyborg viele neue Ideen verwirklicht und technische Lösungen gefunden werden, ist die Evolution des Menschen zum Tier, beziehungsweise umgekehrt, längst medizinischer Alltag.

Begonnen hat es möglicherweise bereits 1927, als der sowjetische Biologe und Tierzüchter Ilja Iwanowitsch Iwanow versuchte, im westafrikanischen Guinea Schimpansenweibchen mit Menschensperma zu befruchten. Ziel der Unternehmung war, die Evolutionstheorie zu untermauern im Kulturkampf gegen den christlichen Westen, um einen lebendigen Urmenschen zu erzeugen als Missing Link zwischen Affen und Menschen.[52] Das Unternehmen scheiterte auf der ganzen Linie, unter Menschenaffen verstehen wir heute etwas anderes. Heute weiß man besser, wie man so etwas anstellt, und muss sich nicht mehr die Mühe machen, über die Keimbahn von ausgewachsenen Exemplaren zu kreuzen, heute werden Zellkerne miteinander verschmolzen. Daraus entstehen dann Schimären, und auf diesem Gebiet ist bereits sehr viel möglich. Wenn man in Entenembryos Zellen von Wachtelschnäbeln in den Schnabel spritzt, dann wachsen den Enten Wachtelschnäbel. Umgekehrt funktioniert es genauso gut. Man nennt diese Tiere dann nach Verquickungen der beiden englischen Namen *ducks* (Enten) und *quails* (Wachteln) *duails* und *qucks*.[53] Ob sich dadurch kulinarische Effekte ergeben, wurde noch nicht überprüft, Ente am Wachtelschnabelmousse wäre aber ein interessanter Serviervorschlag.

Will man kontrollieren, ob und wo ein Gen, das man in eine Tier-DNA eingebaut hat, aktiv ist, dann gibt man ihm ein grün fluoreszierendes Protein mit auf den Weg, und wenn das Gen, beispielsweise in einem Schwein, aktiv wird, dann leuchtet das Tier grün. Man kann es allerdings nicht als mobile Stehlampe verwenden, das Leuchten ist nur unter UV-Licht als Fluoreszieren zu sehen.

Wer sich das Wortspiel Schweinwerfer nicht verkneifen möchte, ist herzlich dazu eingeladen. Wofür macht man so etwas, wer braucht leuchtende Säugetiere? Das wird grundsätzlich gemacht, um mehr Wissen über Gene zu bekommen, und im Speziellen, um zu schauen, welche Zellen in Schweinen wie wachsen. Denn Schweineherzen besitzen die passende Größe und passende Leistungsfähigkeit, um etwa als Ersatzherzen für Menschen zu dienen. Allein in Deutschland warten 12.000 Menschen auf ein Spenderorgan, und ihre Mitmenschen, die welche hätten, geben sie, nicht nur, solange sie leben, ungern her.

Xenotransplantation nennt man das, wenn Zellen von Lebewesen verschiedener Spezies in einem Organismus Platz genommen haben. Natürlich können Sie jetzt einwenden, das sei nichts Besonderes, jedes Mal, wenn Sie eine Leberkässemmel essen, kommt es zur Xenotransplantation. Das wäre aber nur dann richtig, wenn die Leberkässemmel in Ihnen weiterleben würde, was eine noch größere Sensation wäre als die erste Transplantation eines Schweineherzens in einen Menschen. Dass man die Semmel manchmal noch riechen kann, wenn Sie nach dem Verzehr aufstoßen, gilt nicht als Lebenszeichen.

Der Transfer von Zellen funktioniert übrigens in beide Richtungen. ACHM – *animals containing human material* – nennt man etwa eine Maus, die ein ganzes menschliches Chromosom in sich trägt und deshalb an Downsyndrom erkrankt. Es gibt sogar die Möglichkeit und auch entsprechende Begehrlichkeiten, nicht nur wenige menschliche Körperzellen in Mäuse einzubauen, sondern Mäuse herzustellen, deren gesamtes Gehirn aus menschlichen Gehirnzellen besteht. Könnte die dann die „Sendung mit der Maus" verstehen? Weiß man nicht, aber eher nicht. Noch wurde das nicht gemacht und man geht davon aus, dass trotzdem nur ein Mäusegehirn und kein sehr kleines Menschengehirn in einer Maus entstehen würde. Allerdings wurde Mäusen schon ein menschliches „Sprachgen" eingebaut und sie fiepsten danach anders als ihre Artgenossen.

Auch Hühnerküken, denen als Embryo Teile eines Wachtelgehirns eingebaut wurden, riefen wie Wachteln und nicht wie Hühner. Im Jahr 2005 soll bei der US-Patentbehörde ein Patentantrag auf die Erzeugung eines „Humanzee“ gestellt worden sein, eines Mischwesens aus Mensch und Schimpansen. Dem Antrag wurde nicht stattgegeben, was allerdings nicht heißt, dass die Verschmelzung nicht schon irgendwo probiert wurde. Wenn so etwas gelänge, dann wären die Folgen unabsehbar für unsere Gesellschaft. Schimpansen teilen 98 Prozent unseres Genoms, ein erwachsener Menschenaffe ist, was das Bewusstsein betrifft, ungefähr mit einem vierjährigen Kind zu vergleichen. Welche Kreatur entstehen würde, wenn man einen menschlichen und einen Schimpansenembryo verschmelzen würde, was technisch möglich erscheint, weiß kein Mensch, ganz abgesehen von den juristischen und ethischen Konsequenzen, für die es noch keinerlei Lösung gibt.

Darüber hinaus sind wir Menschen besonders gut im Gesichtererkennen. Mit einem Blick können wir im Antlitz unseres Gegenübers viele Dinge gleichzeitig feststellen. Stimmung, Gesundheitszustand, Aufmerksamkeit etc. Sogar die Eignung zum Sexualpartner wird schon beim ersten Blick mit taxiert, ob wir das wollen oder nicht. Noch bevor wir überhaupt überlegen können, was wir von unserem Gegenüber halten sollen, haben Duftstoffe (Pheromone) und unser Gehirn mithilfe der Augen schon eine Vorbeurteilung getroffen. Das hilft uns bei der Einschätzung der Person und der Situation, der wir ausgesetzt sind. Diese Fähigkeit hat sich über Jahrmillionen evolutionär entwickelt und wir verlassen uns jederzeit unbewusst darauf. Das, was manche Menschen für Charme halten, interessiert unser Gehirn hingegen gar nicht mehr so sehr.

Wenn sich unser Gegenüber nun anders verhält, als wir das von Menschen gewohnt sind, und zwar einfach deshalb, weil es sich um eine Schimäre handelt, etwa einen hoch entwickelten „Humanzee“ oder einen Androiden, dann fällt diese Möglichkeit der Beurteilung für uns aus. Wir fühlen uns dann unwohl in Gesellschaft dieser Wesen. Man kennt das aus der Filmindustrie. Genau aus diesem Grund spielen die meisten Animationsfilme im Tiermilieu, weil es extrem schwierig ist, die Mimik eines echten Menschen nachzubauen. Wenn nur eine Kleinigkeit nicht passt, reagieren wir mit erhöhter Wachsamkeit, weil uns das Gegenüber unheimlich ist. Man nennt diese Phänomen *uncanny valley*, unheimliches Tal. Wenn eine Computeranimation stark abstrahiert ist, ist sie uns nicht unheimlich, weil wir sofort erkennen können: Das ist keiner von uns. Wenn die Animation perfekt wäre, wäre die Akzeptanz ebenso hoch, aber dazwischen erstreckt sich ein Tal, in dem wir uns nicht wohlfühlen. Menschen mit abweichendem oder musterfremdem Ausdrucksverhalten, vor allem im Gesicht, und da reicht eine kleine Beschädigung der vorderen Schneidezähne oder ein leicht hängendes Augenlid, erzeugen in uns eine deutliche Abneigung, weil solche Menschen erfahrungsgemäß oft sozial auffällig oder psychisch krank sind.

Auch robotische Schimären, wie Drohnen, die immer öfter in Kriegen eingesetzt werden, operieren mehr oder weniger im rechtsfreien Raum. Sie teilen zwar nicht unser Genom, aber sie sind von uns Menschen programmiert, funktionieren also ein wenig wie wir. Damit ist nicht gemeint, dass sie ihren Hochzeitstag vergessen, beim Essen den Mund offen haben und Socken zu den Sandalen anziehen. Sie sind vielmehr sozusagen mit unserer Art zu denken „gefüttert“. Wenn sie in absehbarer Zeit lernen sollten, eigene Entscheidungen zu treffen, uns damit viele Entscheidungen abnehmen und wir uns irgendwann auf ihre Entscheidungen verlassen, weil sie besser sind als von Menschen getroffene, wenn sie also für uns so unverzichtbar geworden sein sollten, dass wir sie für gleichwertig erachten, obwohl wir ihnen schon längst unterlegen sind, welche Rechte haben diese Roboter dann und welche Pflichten?

Betrachten wir ein einfaches Beispiel, das nicht unbedingt mit einer kriminellen oder tödlichen Handlung zusammenhängt. Kann ein Roboter alleine öffentliche Verkehrsmittel benutzen, vorausgesetzt er ist in der Lage, alle damit verbundenen Probleme zu lösen wie das Öffnen von Türen und Sich-einen-Platz-Suchen? Braucht er dazu einen Fahrschein? Und wenn ja, welchen?

Muss er einen normalen Fahrschein lösen oder gilt er für das Transportunternehmen als Fahrrad? Wenn der Roboter kontrolliert würde und der Beamte verlangte nach einem Einzelfahrschein, dann müsste es auch möglich sein, dass sich der Roboter eine Jahreskarte kauft. Dabei tauchen aber gleich zwei Probleme auf. Erstens braucht er ein Passbild. Nun könnten aber Roboter derselben Serie identisch aussehen, das Passbild würde zur Identifikation nichts beitragen. Und zweitens braucht der Roboter einen gültigen Lichtbildausweis, um eine Jahreskarte zu bekommen. Den hat er aber nicht, denn er ist ja als Roboter keine Rechtsperson im menschlichen Sinn. Also kriegt er keine Jahreskarte. Wenn er aber eine solche Karte nicht bekommen kann, dann braucht der Roboter auch keine normale Karte kaufen. Und hat er Anspruch auf einen Sitzplatz, etwa wenn ihm schön langsam die Energie ausgeht? Nach der Hausordnung der Wiener Linien gilt:

Benötigt jemand einen Sitzplatz dringender als man selbst, zum Beispiel ältere Personen, Eltern mit kleinen Kindern oder körperlich beeinträchtigte Menschen, bitten wir darum, diesen zu überlassen.

Die völlig unklare rechtliche Situation ist nicht das kleinste Problem, das die Menschheit beschäftigen sollte, bevor sie über sich hinauswächst.

Es war einmal ... der Mensch

Was mit der Menschheit am ehesten passieren wird, ob sie eher mit dem Tier verschmilzt oder sich zum Cyborg entwickelt – oder gar als digitales Bewusstsein in alle Ewigkeit auf einer Festplatte weiterlebt, woran auch gearbeitet wird[54], der Mensch quasi als unsterbliches Facebook-Profil –, kann heute niemand seriös beantworten. Fest steht nur, dass sie sich weiterentwickeln wird. Oder selber auslöschen. Diese Möglichkeit gibt es nämlich auch, und die technischen Mittel dafür haben wir bereits gebaut und beherrschen auch die Handhabung tadellos.

Nicht nur seine Neugierde und sein Tatendrang, sondern unter anderem auch seine Gier und seine Sorglosigkeit haben den Menschen dorthin gebracht, wo er heute steht, nämlich an die Spitze der Nahrungskette, aber sie könnten ihm auch zum Verhängnis werden.

Durch unseren sorglosen Umgang mit Antibiotika haben einzelne Bakterienstämme Resistenzen entwickelt, und die resistenten Stämme vermehren sich weiter und lernen dazu, man spricht hier sogar von Multiresistenz.

Im Jahr 2005 infizierten sich rund drei Millionen Europäer mit Bakterien, gegen die keine bekannten Antibiotika halfen, 50.000 von ihnen starben in der Folge daran.[55] Wenn den Bakterien das gefällt, dann kann das der Menschheit epidemisch zusetzen. Nicht nur Menschen sind heute in der Lage, in wenigen Stunden rund um die Welt zu fliegen, auch Bakterien. Die checken gar nicht extra ein, die fliegen gleich als Handgepäck. Außerdem ist der Mensch eines der aggressivsten und potenziell gewalttätigsten Lebewesen der Erde. Laut der sogenannten Ungeziefertheorie sind wir somit unsere eigenen Totengräber. Diese Theorie besagt, dass eine technische Zivilisation auf irgendeinem Planeten, die zu aggressiv wird, sich durch einen nuklearen Krieg selbst auslöscht oder zumindest entscheidend zurückgeworfen wird. Und auf dem Gebiet sind wir ausreichend versorgt. Allein mit den bereits hergestellten Nuklearwaffen könnte im Schnitt jeder Mensch, der heute lebt, siebenmal getötet werden.

Wenn jeder von Ihnen jemand kennt, der darauf verzichtet, können Sie 14-mal, wenn jeder 52 Menschen zum Verzicht bewegt, sogar ein ganzes Jahr lang jeden Tag einmal getötet werden. Statistisch betrachtet. Das ist einerseits eine tolle technische Leistung, das sollen uns die Tiere und Bakterien und Roboter erst einmal nachmachen, andererseits wollen sie das vielleicht gar nicht versuchen, weil sie sich darauf verlassen, dass wir immer noch einen Schritt weitergehen.

Und so, wie es momentan aussieht, ist die Wahrscheinlichkeit, dass die Menschheit aus der Evolution durch Selbstauslöschung ausscheidet und sich nicht zu Robotern oder Tierhybridwesen weiterentwickelt, am größten.

Dann ist die Erde menschenfrei, wir übergeben quasi besenrein. Aber an wen?

Sollten Roboter bis dahin gelernt haben, wie man lernt und sich redupliziert, hätten sie keine schlechten Karten. Allerdings sind sie mit einem grundsätzlichen Problem konfrontiert. Maschinenwesen, die autonom agieren wollen, brauchen regelmäßig und viel Strom.

Es gibt verschiedene Möglichkeiten, Strom für autonome Roboter zu bekommen. Die Firma Boston Dynamics hat einen Roboter namens Big Dog entwickelt, den sie selbst als „The Most Advanced Rough-Terrain Robot on Earth" bezeichnet. Tatsächlich ist es beeindruckend, wie dieser vierbeinige Roboter über Schnee und Eis marschiert, selbst massive Tritte gleichgewichtsmäßig austarieren kann und dabei schwere Lasten über Stock und Stein transportiert. Aber Big Dog bekommt seine Kraft durch einen Verbrennungsmotor, der so laut ist, dass sich vielleicht ein Laubsauger in ihn verliebt, aber keine Roboterdame von Welt.

Am praktikabelsten, um Roboter mit Strom zu versorgen, damit sie nicht dauernd irgendwo tanken gehen müssen, wären vermutlich auch in Zukunft Batterien, und besonders beliebt sind im Moment Lithium Akkus.

FACT BOX | *Lithium-Akku*

Lithium-Akkus haben einerseits eine hohe Energiedichte, und andererseits zeigen sie auch keinen Memory-Effekt. Sie können also immer wieder geladen und entladen werden, ohne dass es schädliche Folgen gibt. Wie aber funktionieren solche Lithium-Akkumulatoren?

Im Prinzip geht es um ein Ungleichgewicht von Ladungen. An einem Pol der Batterie gibt es viele Elektronen (Minuspol), am anderen Pol gibt es wenige Elektronen (Pluspol). Befinden sich an den Polen gleich viele Elektronen, dann ist der Akku entladen. Je höher der Ladungsunterschied ist, umso höher ist die Spannung und umso stärker möchten die Elektronen zum anderen Pol wandern. Je mehr Elektronen tatsächlich von einem Pol zum anderen fließen, desto stärker ist der Strom.

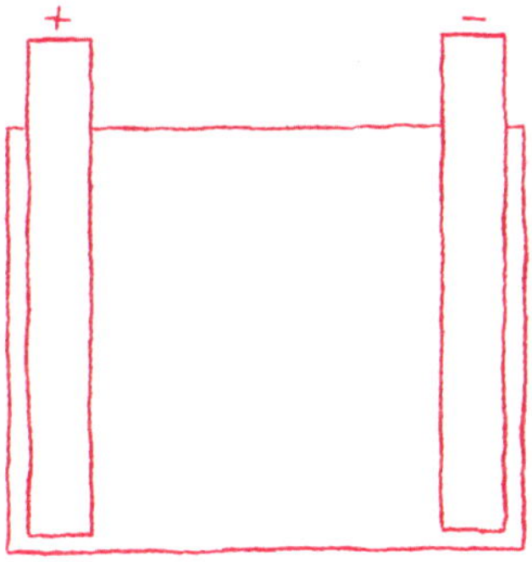

Bei einem Lithium-Akku besteht der Minuspol aus Graphit und der Pluspol aus Kobalt und Sauerstoff. Das Lithium ist im Graphit gespeichert. Der Graphit hat diese Atome aufgesogen wie ein Schwamm. Lithium ist ein sehr kleines Atom, es kann im richtigen Milieu sogar durch Metall wandern. Kommt nun ein elektrischer Verbraucher, so gibt das Lithium Elektronen am Minuspol ab, damit befinden sich dort viele Elektronen. Sie stehen dem Verbraucher zur Verfügung. Gleichzeitig werden aus den Lithium-Atomen nun Lithium-Ionen. Ihnen fehlt je ein Elektron, sie sind positiv geladen. Deshalb wandern sie nun allmählich hin zu dem Bereich, in dem sich das Kobalt und der Sauerstoff befinden.

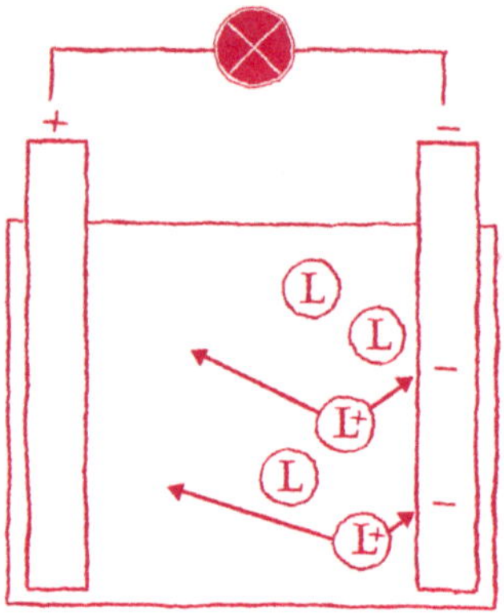

Befinden sich alle Lithium-Ionen im Kobalt-Sauerstoff-Bereich, also dem Pluspol, dann ist der Akku entladen. Das Raffinierte ist nun, dass man die Lithium-Ionen wieder zurücktreiben kann. Dazu ist es nur notwendig, Strom durch den Akku zu schicken. Die Elektronen am Pluspol drängen die Lithium-Ionen wieder in den Kohlenstoff zurück, das braucht allerdings auch etwas Zeit.

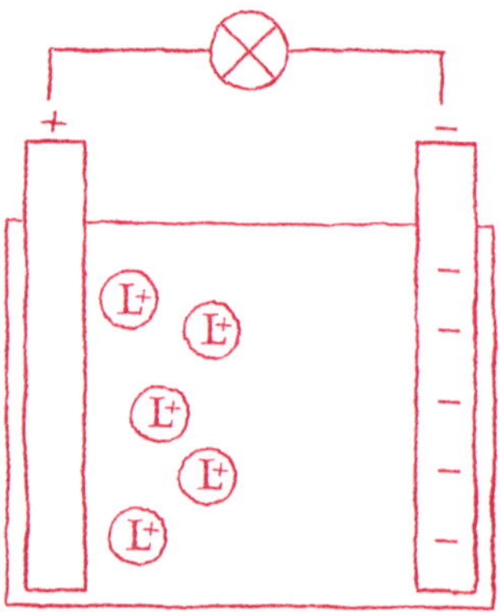

Nun kann man anstelle von Graphit oder Kobalt auch andere Metalle oder chemische Verbindungen verwenden. Das führt dazu, dass es die unterschiedlichsten Typen von Lithium-Akkus gibt, die auch unterschiedliche elektrische Eigenschaften aufweisen.

Natürlich gibt es noch viele andere Typen von Batterien, anders als bei Computerprozessoren ist bei Batterien aber keine rasante Entwicklung zu erwarten. Das Problem ist die sogenannte Energiedichte. Darunter versteht man die Energie, die ein Stoff pro Masse freisetzen kann. Ein Lithium-Ionen-Akku hat eine Energiedichte von 0,5 Megajoule pro Kilogramm (MJ/kg), der Sprengstoff Trinitrotoluol besitzt eine Energiedichte von 4 MJ/kg, selbst die stärksten Sprengstoffe, die es gibt, erreichen „nur" den Wert 7 MJ/kg, während Benzin eine Energiedichte von 43 MJ/kg hat. Sieger in diesem Ranking wäre die Kernspaltung, spaltbares Material bringt 90.000.000 MJ/kg auf die Waage. Werden Roboter in Zukunft also mit Kernreaktoren laufen? Immerhin gibt es ja keine Menschen mehr, die sie zu einer Energiewende zwingen möchten.

Leider können Roboter nicht mit Kernreaktionen angetrieben werden, das ist technisch nicht sinnvoll. Die Elektronik von Robotern reagiert sehr problematisch auf Strahlung, man müsste also wieder viel Blei investieren, um den Roboter vor seinem Antrieb zu schützen, und damit würde die Energiedichte dramatisch sinken. Da kann man gleich Lithium-Akkus nehmen, und die werden einigermaßen so bleiben, wie sie sind. Wegen der Energiedichte. Würde man die erhöhen, was technisch wohl ginge, besäße ein Akku in ein paar Jahren eine so hohe Energiedichte, dass er gefährlich wäre wie Sprengstoff. Und einem Roboter, der zukünftig bereits ein Bewusstsein entwickelt hätte, wäre es sicherlich genauso unangenehm, in die Luft zu gehen, wie uns heute.

Natürlich gibt es auch nachhaltigere Vorschläge. Ein Modell namens Slugbot hat die Aufgabe, Schnecken zu entdecken und diese mit einem Greifarm in einen Behälter zu stecken. Wenn seine Batterien fast aufgebraucht sind, würde der Roboter zurück zur Ladestation fahren und die Schnecken einer Fermentierungskammer übergeben. Der Plan ist, dass in dieser Kammer Bakterien die Schnecken verdauen und das dabei entstehende Biogas einen Generator antreibt, der die Batterien wieder auflädt. Das klingt nach einem schönen, umweltfreundlichen Plan, den alle toll finden, außer vielleicht die Schnecken, allein momentan schafft ein Slugbot zehn Nacktschnecken pro Minute. Er müsste sich also, um überhaupt etwas anderes machen zu können, als Schnecken zu sammeln und zwischen einer Wiese und der Ladestation hin- und herzufahren, einen eigenen Roboter halten, der für ihn die Schnecken sammelt.[56]

Das heißt: Bevor die Roboter die Welt übernehmen, müssen sie erst noch ihr Energieproblem lösen. Das brauchen Tiere nicht, die könnten sofort loslegen. Wissenschaftlerinnen und Wissenschaftler sind sich nicht ganz einig, welche Spezies die besten Voraussetzungen mitbringt, um unsere Nachfolge anzutreten.

Gib mir acht

In diesem Zusammenhang werden immer Oktopoden als unsere Kronprinzen genannt.

Warum ausgerechnet die? Was macht diese achtarmigen, schleimigen, rückgratlosen Kopffüßler, die mit ihren Saugnäpfen ausschauen wie eine alte Duschmatte, über die sich eine Kindergartengruppe in der Bastelecke hergemacht hat, und die die meisten Menschen nur als panierte Tintenfischringe an sich heranlassen, so besonders? Ganz einfach. Oktopoden gibt es schon sehr lange und sie sind außergewöhnlich schlau. Als der Krake Paul den Ausgang des WM-Semifinales zwischen Deutschland und Spanien richtig zugunsten Spaniens voraussagte, da liefen die Internetforen in Deutschland heiß und man wollte den Oktopus umgehend zum Verzehr freigeben. Das wäre aber sehr grausam gewesen. Denn wer Oktopoden isst, kann genauso gut Schimpansenhirne aus dem offenen Schädel löffeln. Kraken gelten sogar als noch schlauer als manche Primaten.* „Kein Wunder“, denkt sich da vielleicht mancher, „schließlich haben sie auch neun Gehirne. Mit einem derartigen Brain-Overkill hätte ich die Führerscheinprüfung auch im ersten Anlauf geschafft und wäre später nicht auf das Phishing-Angebot im Internet hereingefallen, das mich fast finanziell ruiniert hätte.“

Kraken haben aber nicht nur neun Gehirne, sondern acht Arme und drei Herzen. Neben dem Haupthirn hat auch jeder Arm ein eigenes Hirn. Und wozu? Ausstattungsprotzerei wie bei Mercedes-Maybach-Limousinen? Nein. Es handelt sich genau genommen auch nicht um neun Gehirne, sondern auch um ein Hauptgehirn und acht Nebengehirne. Diese sind vergleichbar mit dem, was man beim Menschen im Darm findet. Gemeint sind aber nicht Speisereste und Bakterien, sondern das enterische System. Es steuert den Magen-Darm-Trakt, sorgt also dafür, dass wir nicht dauernd ans Verdauen denken

*Aber nicht weil sie Fußball-WM-Spiele richtig tippen können. Das war Zufall, das wissen wir bereits.

müssen, während wir es tun, und enthält beim Menschen rund fünfmal mehr Neuronen als das Rückenmark. Dieses „zweite Gehirn“ kann aber trotzdem nicht denken, das macht ausschließlich das „erste Gehirn“ im Kopf. Ähnlich ist es auch bei den Oktopoden. Die Arme dieser Tiere bewegen sich ja fast dauernd und unabhängig voneinander. Wenn das alles ein Gehirn koordinieren sollte, müsste es riesig sein und hätte trotzdem kaum Zeit für anderes. Deshalb ist die Arbeit an Subalterne delegiert. Diese Bereiche werden als Ganglien bezeichnet. Ähnlich wie bei Schaben, deren Ganglienpaare in den Beinen ja auch unabhängig vom Gehirn das Wegrennen koordinieren. Nur können die Nebengehirne in den Tentakeln von Kraken erheblich mehr als die von Schaben. Das geht so weit, dass abgetrennte Arme in der Lage sind, sich Futter zu nähern. Grundsätzlich sind zwar alle Arme gleich funktionell, trotzdem haben viele dieser Tiere jeweils einen „Lieblingsarm“, den sie bevorzugt für die Erforschung oder das Jagen verwenden. Die anderen Arme werden dann halt für die Fortbewegung genutzt. Bei Männchen gibt es am Ende eines Tentakels keine Saugnäpfe *(Hectocotylus)* mehr. Dort befinden sich die Samenpakete, die in die Mantelhöhle des Weibchens müssen. Bei den Papierbooten, einem kleineren Oktopus, kann dieser Arm mit den Samen die Weibchen sogar, wenn er vom Rest des Männchens abgetrennt wurde, selbständig finden und befruchten – *remote impregnation* –, das Männchen kann also gleichzeitig Fußball schauen und seinen Vaterschaftspflichten nachkommen, ohne schlechtes Gewissen.

Spezielle Sinneszellen in den Saugnäpfen teilen den Oktopoden mit, wie die Beute schmecken wird. Wir Menschen müssen unsere Finger abschlecken, wenn wir wissen wollen, wie das Essen gewürzt ist, das sparen sich die Oktopoden.

Wofür verwenden Oktopoden ihre Gehirne noch? Zum Nachdenken. Und das ist spektakulärer, als es im ersten Moment klingt, denn Kraken sind wahre Grübler. Sie können Probleme lösen, was viele Menschen kaum zuwege bringen. Auch solche Probleme, denen Kraken in freier Wildbahn noch nie begegnet sind, die sie daher auch gar nicht lösen können müssten. Kraken bewältigen etwa Irrgartenprobleme besser als die meisten Säugetiere. Und Oktopoden lernen durch Zuschauen, das können sonst nur Menschen, Menschenaffen und Ratten. Kraken können beispielsweise lernen, wie man einen Videorekorder bedient. Das ist im 21. Jahrhundert zwar kein Soft Skill mehr, das High Potentials in ihren Lebenslauf schreiben, aber trotzdem bemerkenswert. Kraken können zwar nicht das VPS einstellen und den Wochen-Timer programmieren, aber das Gerät ein- und ausschalten. Wenn man einem ausgewachsenen Oktopus in einem Aquarium nach einem bestimmten, beispielsweise optischen Signal Futter gibt, dann merkt er sich das. Das funktioniert bei Menschen ganz ähnlich, Sie brauchen nur auf ein Plakat fürs Feuerwehrfest „Freibier" schreiben, auf dieses Signal reagieren wir. Wenn man aber dem Oktopus dann einmal kein Futter gibt, sondern einen Stromstoß, so ignoriert das Tier das Signal in Zukunft. Das funktioniert bei Menschen schon nicht mehr so gut. Selbst wenn es auf einem Feuerwehrfest mit Freibier fast zwangsläufig irgendwann zu einer Schlägerei kommt: Solange es Freibier gibt, kommen die Menschen immer wieder.

Bei Oktopoden meidet aber nicht nur das ausgewachsene Tier die Stromstöße. Wenn ein anderes, jüngeres Tier im selben Aquarium das zufällig beobachtet hat, reagiert es ebenfalls nicht mehr auf das Signal, das ursprünglich Futter bedeutet hat. Und so lernen Kraken auch viele andere Dinge, nicht nur durch Probieren, sondern durch Beobachtung. Das heißt aber nicht, dass Sie Ihre Kontaktanzeigen in Erotikmagazinen aufpeppen können: „Vieles kann, nichts muss sein, mein passiver Oktopus stört doch nicht." Auch wenn ein Oktopus acht Arme besitzt und für viele Menschen Tiere die wichtigen Bezugspunkte in ihrem Leben sind, ein flotter Dreier mit Oktopus wird schon deshalb immer ein *special interest* bleiben, weil er uns körperlich so unähnlich ist, dass uns die Spiegelneuronen sagen: Der ist nicht sexy.

Aber Kraken können nicht nur sehr schnell lernen, sondern sich auch fabelhaft an ihre Umgebung anpassen. Sodass sie fast unsichtbar werden. Sie können durch Beobachten sogar Untergrundmuster nachempfinden, die sie in ihrer Lebensumgebung noch nie gesehen haben. Setzt man einen Kraken auf ein Schachbrett, so wird er versuchen, die geometrischen Muster nachzuahmen. Und er schafft es nicht perfekt, aber gut genug, um für Feinde unsichtbar zu sein.

Inoffizieller Meister aller Klassen in Oktopus-Camouflage ist allerdings der indonesische *mimic octopus*. Er wurde erst 2001 entdeckt, hört zoologisch auf den Namen *Thaumoctopus mimicus*, und hat bis heute noch keine offizielle deutsche Bezeichnung. Manchmal wird er wegen seiner Fähigkeiten Karnevalstintenfisch genannt, und das trifft die Sache nicht schlecht. Bis zu 1.100-mal am Tag wechselt er sein Aussehen.

Im Schnitt alle knapp eineinhalb Minuten ein neues Outfit. Wenn Sie also ungeduldig im Vorzimmer warten, dass ein *mimic octopus* mit seiner Garderobe fertig wird, weil sie endlich ausgehen wollen, dann sollten Sie einiges an Geduld mitbringen. „Ich probiere nur noch schnell das kleine Schwarze, Schatz" kann in dem Zusammenhang viel bedeuten. Ein *mimic octopus* kann in Sekundenschnelle Form, Farbe und auch Struktur seiner Haut verändern, je nachdem, was die Verhältnisse um ihn herum als angezeigt erscheinen lassen.

Und nicht nur das. Er ist sogar in der Lage, das Benehmen anderer Arten nachzuahmen. Schwimmt er über den Boden, ahmt er die Gestalt einer Flunder nach, im freien Wasser verwandelt er sich formmäßig in einen Skorpionfisch, der keinen Spaß versteht, wenn man ihn blöd anredet. Und zur Revierverteidigung verleiht der Oktopus seinen Tentakeln das Aussehen von hochgiftigen Schlangen. Seine Renommiernummer ist aber der Ritter der Kokosnuss. Der Karnevalstintenfisch ist imstande, sich in Form und Farbe einer Kokosnuss anzugleichen, um ungehindert durchs Wasser zu treiben, wobei er zur Navigation nur kleinste Teile seiner Tentakel verwendet.

Manche Oktopusarten können auf ihrer Haut zudem Spiegelungen der Meeresoberfläche nachahmen, sodass sie von oben nicht zu erkennen sind, und eine bei Hawaii lebende Art jagt nur in der Nacht und bei Mondenschein. Damit sie keinen Schatten wirft, leuchtet sie an der Unterseite und tut so, als wäre sie der Mond und als Krake gar nicht da.

Wenn man nun in Rechnung stellt, dass es *Cephalopoden* aka Kopffüßler schon seit 500 Millionen Jahren auf der Erde gibt, stellt sich die Frage: Warum wurden sie trotz ihrer Größe, Stärke und Intelligenz nicht Chefs der Meere? Zeit genug hätten sie gehabt, Dezenz ist keine tierische Eigenschaft, ungeschickt sind sie auch nicht. Warum lassen sie sich von uns Menschen noch immer als Ringe panieren, statt uns als Rache für die jahrhundertelange Jagd jedes Mal, wenn wir im Urlaub gleich nach dem Essen ins Meer gehen, die Badehose bis ins Kreuz hinaufzuziehen, bis wir sie in Ruhe lassen? Möglicherweise deshalb, weil alle Generationen von Kraken immer alles neu lernen müssen. Es gibt keinen Generationenvertrag, und das kommt so: Nach etwa dreieinhalb Jahren sucht ein Oktopusweibchen nach seiner ersten und einzigen Paarung im Leben eine Grotte oder Felsspalte und legt Eier. Für das Männchen ist nach einer Befruchtung das Leben in der Regel zu Ende. Das Weibchen kümmert sich noch etwa sechs Wochen um die Eier, nimmt während der gesamten Brutzeit keine Nahrung zu sich und stirbt dem Männchen nach. Klingt rührend, hatte aber den entscheidenden Nachteil, dass dadurch die Weitergabe von Wissen von einer Generation zur nächsten seit jeher verhindert wurde. Dieser Wissenstransfer wäre bislang auch ohne Ableben der Eltern in freier Wildbahn nicht möglich gewesen, weil Kraken seit Millionen Jahren als Einzelgänger sozialisiert waren.

Möglicherweise hat sich das aber nun geändert. In den Gewässern vor Capri im Golf von Neapel haben Forscherinnen und Forscher beobachtet, dass Kraken beginnen, in Gruppen zusammenzuleben. Das machen sie, weil der Lebensraum für sie kleiner wird, weil der Mensch immer mehr Platz beansprucht und alle anderen Lebewesen verdrängt. Und wenn junge und alte Kraken zusammenleben, dann zeigte sich bei Capri, dass sie sich ihrer Umwelt gegenüber dominanter verhalten als gewohnt. Wenn das so bleibt, dann könnten die Kraken endlich eine wichtige evolutionäre Hürde nehmen und in ein paar Hunderttausend Jahren noch viel schlauer und mächtiger sein als heute schon.

Aber noch sind Oktopoden nicht so weit, deshalb werden auch Käfern gute Chancen eingeräumt, unsere Nachfolger zu werden, und Ameisen. Im Verhältnis zu ihrer Körpergröße hat die Ameise ein größeres Gehirn als der Mensch. Jede Ameise hat zwar nur einen Bruchteil der Neuronen, die ein menschliches Gehirn aufzuweisen hat, aber ein Ameisenstaat ist ein Superorganismus mit annähernd so vielen Neuronen wie ein Mensch.

Das heißt, wenn Sie an Unsterblichkeit interessiert sind, und Sie werden noch einmal gefragt: Was wären Sie lieber: ein Seehase, ein Wasserbär oder ein Wurmgrunzer? Dann wäre unter diesen neuen Bedingungen Wasserbär das geringste Übel. Denn Wurmgrunzer gibt es bald nicht mehr, und Seehasen frisst der Slugbot. Ameise wäre natürlich am besten, aber: Keines von den dreien gilt nicht.

Anhang

Schweinsbraten nach Werner Gruber

Die Zubereitung beginnt 24 bis 48 Stunden vor Bratenbeginn.

1) Wählen
Karree, Schopf, Schulter oder Bauchfleisch. Aus einem Karree wird kein knuspriger UND saftiger Braten – leider ein Paradoxon. Bauchfleisch wäre perfekt, hat aber viele Kalorien. Deshalb Schweinsschulter.

3 kg Schweinsschulter mit Schwarte

2) Salzen
9 gestrichene Esslöffel Salz

Fleisch damit einreiben. Feinkörniges Salz aus der Saline, meist das billigste im Supermarkt. Achtung: Kein Meersalz verwenden, es ist in der Regel zu grobkörnig, dadurch würde der Braten versalzen. Teureres Salz bringt nicht mehr Geschmack, sondern ist nur teurer, denn Salz ist Salz ist Salz.

3) Würzen
3 gestrichene EL Koriandersamen, zerstoßen
3 gestrichene EL Kümmel
1 Knolle Knoblauch, geschält und gepresst

Gewürze gleichmäßig auf dem Braten verteilen. Die Schwarte nicht einschneiden. Fleisch in einen Kunststoffbeutel geben und 24 bis 48 Stunden rasten lassen. Wenn das unterlassen wird, wird der Braten versalzen sein und Sie hätten dann gleich ein Karree verwenden können.

4) Letzte Vorbereitungen
Das Fleisch in eine Kasserolle legen, mit der Schwarte nach unten. Dann geschälte, rohe Kartoffeln in die Kasserolle. Wasser in die Kasserolle gießen. Das Wasser sollte rund 3 bis 4 cm hoch stehen.

5) Buttern
Butter, 1/8 kg, in Flocken über das Fleisch drapieren.

6) Braten
Ab ins Backrohr bei Ober- und Unterhitze bei 180 °C.

7) Wenden
Nach 45 Minuten die Kasserolle herausnehmen und das Fleisch umdrehen. Nun ist die Schwarte wirklich weich und kann leicht eingeschnitten werden. Die Schwarte hat auch einen starken Beitrag für die Bratlfettn geliefert. Dieses „Fett“ besteht aus 2 Teilen, dem Fett und einer bräunlichen, ekelerregend aussehenden, extrem gut schmeckenden gelatinösen Substanz. Dieses braune Zeug besteht im Wesentlichen aus Gelatine, die sich aus der Schwarte herausgelöst hat.

Noch einmal Buttern, 1/8 kg Butter in Flocken über der Schwarte verteilen. (Warum Butter und kein Schweinefett? In der Butter sind Eiweißstoffe, die für eine perfekte Bräunung sorgen.)

8) Fertig braten
Braten wieder ins Rohr, Ober- und Unterhitze, bei 180 °C, für rund 1,5 bis 2 Stunden.

9) NICHT übergießen!
Knusprig bedeutet frei von Wasser. Wenn man die Kruste übergießt, weicht man sie wieder auf und bekommt nie eine knusprige Kruste. Nach Ende der Bratzeit den Braten aus dem Rohr nehmen und ruhen lassen. Unbedingt! Warum? Die Kollagenfasern des Fleisches haben sich aufgrund der hohen Temperatur, mehr als 75 °C, zusammengezogen. Würde man das Fleisch sofort anschneiden, würde der Fleischsaft herausgepresst und sich über das Schneidbrett ergießen. Wir wollen ihn aber im Braten haben und lassen beide rund 25 Minuten einfach stehen.

Anschließend und grundsätzlich wünschen wir guten Appetit.

Mehr Rezepte von Werner Gruber in *Die Genussformel* (Ecowin Verlag).

Dank an:

Martin Ballaschk
Albert Einstein
Konrad Fiedler
Galileo Galilei
Tim Gfrerer
Colin Goldner
Josef Hader
Ludwig Huber
Christian Koth
Isaac Newton
Ruth Oppl
Hosea Ratschiller
Karl Reiter
Harry Rowohlt
Lydia Salner
Erwin Salner
Martina Salner
Valentin Salner
Lukas Tagwerker
Wolfgang Waitzbauer

www.sciencebusters.at

Nachweise

[1] http://www.youtube.com/watch?v=DoYjFT8F7RU

[2] Philip Solomon et al. (Hrsg.): Sensory Deprivation. A Symposium Held at Harvard Medical School on June 20 and 21, 1958. Neuausgabe, Harvard University Press

[3] http://www.scientificexploration.org/journal/jse_14_2_sheldrake.pdf, Zugriff am 29.05.2012

[4] http://lichtenberg-gesellschaft.de/pdf/jb04_barton.pdf, Zugriff am 30.05.2012

[5] Reto U. Schneider: Das Buch der verrückten Experimente, Goldmann, S. 163 ff.

[6] Joachim Bauer: Schmerzgrenze: Vom Ursprung alltäglicher und globaler Gewalt, Blessing, S. 21 ff.

[7] http://scienceblogs.com/zooillogix/2008/01/29/the-schmidt-sting-pain-index/, Zugriff am 05.06.2012

[8] http://de.wikipedia.org/wiki/Toiletten_in_Japan#Die_.E2.80.9EGer.C3.A4uschprinzessin.E2.80.9C, Zugriff am 06.06.2012

[9] http://m.nctimes.com/news/science/oenology-is-that-mozart-in-my-glass/article_ac11f7cb-a788-592c-8f06-da1db8a54511.html, ein Artikel selben Inhalts, mittlerweile offline, ist im Februar 2011 in der L.A. Times erschienen, nachdem Werner Gruber der Presseagentur Associated Press ein Interview gegeben hatte, Zugriff am 07.06.2012

[10] http://de.wikipedia.org/wiki/Hochentz%C3%BCndliche_Stoffe, Zugriff am 06.06.2012

[11] Spektrum der Wissenschaft, Februar 2005

[12] http://de.wikipedia.org/wiki/Verwandtenselektion, Zugriff am 07.06.2012

[13] http://www.pnas.org/content/early/2012/05/30/1119459109, Zugriff am 07.06.2012

[14] http://en.wikipedia.org/wiki/Ajit_Varki, Zugriff am 07.06.2012

[15] http://www.sciencemag.org/content/324/5925/397.abstract, Zugriff am 07.06.2012

[16] http://www.senseaboutscience.org/data/files/Celebrities_and_Science_2011.pdf, Zugriff am 07.06.2012

[17] Ins Deutsche übersetzt: „Das Salz im Meer kommt daher, dass über Jahrmillionen hinweg Wasser über mineralhaltige Gesteine geflossen ist. Dabei hat es sie allmählich aufgelöst und wegschwemmt, was zu dem hohen Salzgehalt der Meere führt – die jedoch außer Salz noch alle anderen Stoffe unseres Planeten enthalten, sogar Gold."

[18] http://www.sciencemag.org/content/299/5615/2054, Zugriff am 07.06.2012

[19] http://www.nature.com/emboj/journal/v31/n7/full/emboj201230a.html, Zugriff am 07.06.2012

[20] http://whyevolutionistrue.wordpress.com/2009/04/18/evolutionary-psychology-the-adaptive-significance-of-semen-flavor/, Zugriff am 07.06.2012

[21] http://www.newscientist.com/article/dn2457, Zugriff am 07.06.2012

[22] Tobias Niemann: Kamasutra kopfüber, C.H. Beck

[23] http://de.wikipedia.org/wiki/Candyflip, Zugriff am 09.06.2012

24 http://de.wikipedia.org/wiki/Flashback_%28Psychologie%29#Flashback_im_Zusammenhang_mit_Krankheit_und_Drogen, Zugriff am 09.06.2012

25 http://www.sciencemag.org/content/335/6074/1351, Zugriff am 09.06.2012

26 http://www.sciencenews.org/view/generic/id/337372/title/Drug_gives_rats_booze-guzzling_superpowers, Zugriff am 09.06.2012

27 Markus Bennemann: Die Evolution im Liebesrausch, Eichborn

28 http://people.biology.ufl.edu/bpasch/Site/video.html, Zugriff am 10.06.2012

29 http://www.sciencedirect.com/science/article/pii/S0031938411004884, Zugriff am 10.06.2012

30 http://www.hr-today.ch/hrtoday/de/themen/archiv/101351/Alkohol_einst_Nahrung_und_Lohnbestandteil_heute_verp%C3%B6nt, Zugriff am 10.06.2012

31 http://www.nasa.gov/pdf/449089main_White_Sands_Missile_Range_Fact_Sheet.pdf, Zugriff am 11.06.2012

32 http://www.nature.com/nature/journal/vaop/ncurrent/full/nature11203.html, Zugriff am 11.06.2012

33 http://www.space.com/11536-moon-microbe-mystery-solved-apollo-12.html, Zugriff am 11.06.2012

34 http://www.actimel.at/faq/wie-wirkt-actimel, Zugriff am 11.06.2012

35 http://derstandard.at/1334796395695/Bakterielle-Infektionen-Biotherapie-ist-weniger-ungustioes, Zugriff am 11.06.2012

36 http://de.wikipedia.org/wiki/Apollo_12#Start_und_Hinflug, Zugriff am 11.06.2012

37 Malcolm Penny: Der Nil – Entdeckungen hinter den Wasserfällen, Tokyo Broadcasting System, WDR 1997

38 Reto U. Schneider: Das Buch der verrückten Experimente, Goldmann, S. 26 ff.

39 http://www.exclassics.com/newgate/ng464.htm, Zugriff am 11.06.2012
Ins Deutsche übersetzt: „Bei der ersten Anwendung des Verfahrens auf das Gesicht begannen die Kiefer des toten Verbrechers zu zittern, die Muskeln ringsum verzerrten sich schrecklich und es öffnete sich sogar ein Auge. Beim folgenden Teil des Verfahrens hob sich die rechte Hand und ballte sich zur Faust und die Oberschenkel, ja die ganzen Beine bewegten sich. Mr. Pass, der Bote der Surgeon's Company, der bei diesem Experiment in offizieller Funktion anwesend sein musste, war davon so verstört, dass er bald nach seiner Rückkehr nach Hause vor Schreck starb."

40 Mark Benecke: Mordmethoden, Bastei Lübbe, S. 194 ff.

41 http://diepresse.com/home/kultur/medien/mediator/557547/Schoenborn-analysiert, Zugriff am 19.05.2012

42 Wilfried Westheide, Reinhard Rieger: Spezielle Zoologie. Teil 1. Einzeller und wirbellose Tiere. Gustav Fischer Verlag, S. 363

43 http://de.wikiquote.org/wiki/Albert_Einstein, Zugriff am 13.06.2012

44 http://www.hr-online.de/website/rubriken/nachrichten/indexhessen34938.jsp?key=standard_document_42403640&rubrik=34954, Zugriff am 13.06.2012

45 http://dalailama.com/messages/world-peace/the-medicine-of-altruism, Zugriff am 13.06.2012
Ins Deutsche übersetzt: „Mich rührt oft das Beispiel kleiner Insekten, wie zum Beispiel Bienen. Die Naturgesetze erfordern, dass Bienen zusammenarbeiten, damit sie überleben können. Folglich haben sie einen instinktiven Sinn für soziale Verantwortung. Sie haben weder eine Verfassung, noch Gesetze, eine Polizei, Religion oder moralische Bildung, sondern wirken einfach aufgrund ihrer Natur getreulich zusammen. Ab und zu kann es einmal Kämpfe zwischen ihnen geben, aber im Allgemeinen überlebt das ganze Volk auf der Grundlage der Kooperation. Menschen hingegen haben Verfassungen, umfangreiche Rechtssysteme, starke Polizeiapparate; wir haben Religion, eine beachtliche Intelligenz und ein Herz mit einer großen Liebesfähigkeit. Aber trotz unserer zahlreichen außerordentlichen Fähigkeiten bleiben wir in der Praxis hinter

diesen kleinen Insekten zurück: In mancher Hinsicht sind wir nach meinem Gefühl ärmer als die Bienen."

46 http://www.spiegel.de/sport/fussball/0,1518,99535,00.html, Zugriff am 13.06.2012

47 Rainer Pöppinghege (Hrsg.): Tiere im Krieg, Ferdinand Schöningh

48 http://thejns.org/doi/abs/10.3171/2011.10.JNS102122, Zugriff am 17.06.2012

49 http://www.humanbrainproject.eu/index.html beziehungsweise http://www.zeit.de/2011/21/Kuenstliches-Gehirn/komplettansicht, Zugriff am 17.06.2012

50 Rolf Degen: „Den Löffel ganz abgeben", Tabula, April 2003

51 http://www.tagesanzeiger.ch/leben/gesellschaft/Von-Licht-ernaehrt--bis-in-den-Tod/story/28039574, Zugriff am 19.05.2012

52 http://web.archive.org/web/20071225143549/http://www.arte.tv/de/wissen-entdeckung/Affen---unsere-liebsten-Verwandten_3F/1288628,CmC=1289220.html, Zugriff am 17.06.2012

53 http://diepresse.com/home/meinung/marginalien/697218/Menschenrechte-fuer-Chimaeren-und-Kampfroboter?from=simarchiv, Zugriff am 17.06.2012

54 http://www.zeit.de/digital/internet/2012-06/bewusstsein-digitalisieren/komplettansicht, Zugriff am 17.06.2012

55 http://www.heise.de/newsticker/meldung/Mediziner-warnen-vor-Post-Antibiotika-Zeitalter-163756.html, Zugriff am 17.06.2012

56 http://www.wired.com/gadgets/miscellaneous/news/2001/10/47156?currentPage=all, Zugriff am 17.06.2012

Sach- und Personenregister